W0388679

LA DANSE
DU CRATÉROPE ÉCAILLÉ

DE LA MÊME AUTRICE

Ces émotions qui nous fabriquent. Ethnopsychologie de l'authenticité, Le Seuil/Les Empêcheurs de penser en rond, 1999

Hans, le cheval qui savait compter, Le Seuil/Les Empêcheurs de penser en rond, 2004

Bêtes et Hommes, Gallimard, 2007

Penser comme un rat, Quae, Versailles, 2009

Avec Isabelle Stengers, *Les Faiseuses d'histoires. Que font les femmes à la pensée ?*, La Découverte, coll. « Les Empêcheurs de penser en rond », 2011

Que diraient les animaux si... on leur posait les bonnes questions ?, La Découverte, coll. « Les Empêcheurs de penser en rond », 2012

Au bonheur des morts, La Découverte, coll. « Les Empêcheurs de penser en rond », 2015

Habiter en oiseau, Actes Sud, coll. « Mondes sauvages », 2019

Quand le loup habitera avec l'agneau, La Découverte, coll. « Les Empêcheurs de penser en rond », 2020 (première édition 2002)

Vinciane Despret

LA DANSE DU CRATÉROPE ÉCAILLÉ

Naissance d'une théorie éthologique

LES
EMPÊCHEURS
DE PENSER
EN ROND

Collection dirigée par Philippe Pignarre

Première édition en 1996 sous le titre : *Naissance d'une théorie éthologique. La danse du cratérope écaillé.*

Composé par Facompo à Lisieux
Création graphique de la couverture : Valérie Gautier
Dépôt légal : avril 2021

Si vous désirez être tenu régulièrement informé de nos parutions, il vous suffit de vous abonner gratuitement à notre lettre d'information bimensuelle par courriel, à partir de notre site **www.editionsladecouverte.fr**, où vous retrouverez l'ensemble de notre catalogue.

ISBN 978-2-35925-188-3

En application des articles L. 122-10 à L. 122-12 du code de la propriété intellectuelle, toute reproduction à usage collectif par photocopie, intégralement ou partiellement, du présent ouvrage est interdite sans autorisation du Centre français d'exploitation du droit de copie (CFC, 20, rue des Grands-Augustins, 75006 Paris). Toute autre forme de reproduction, intégrale ou partielle, est également interdite sans autorisation de l'éditeur.

© Éditions La Découverte, 2021.
9 *bis*, rue Abel-Hovelacque, 75013 Paris.

INTRODUCTION

> Le cratérope écaillé (*Turdoides squamiceps*) est un membre de la famille des Timaliidae paléotropiques. Ces formes paléotropiques se répartissent dans les déserts chauds depuis l'Inde jusqu'au Maroc et plus au sud vers les déserts arides de l'Afrique de l'Est. On rencontre des *T. squamiceps* dans la péninsule Arabe et du Sinaï [...]. En Israël, l'oiseau est commun dans la vallée du Rift, au nord de Jéricho [...]. Le cratérope écaillé arabe pèse de 65 à 85 grammes ; il mesure à peu près 280 mm de long dont la moitié forme la queue (145 à 155 mm). Son plumage est brun-gris, une couleur très cryptique dans le désert. [...] Les cratéropes écaillés sont des oiseaux plutôt terrestres : ils marchent et sautent plus souvent qu'ils ne volent. Leur alimentation se compose essentiellement de petits animaux, principalement des arthropodes, qu'ils trouvent sur le sol ou dans la végétation[1].

L'article de l'éthologiste israélien Amotz Zahavi commençait à peu près de la même manière que les articles de ses collègues américains et anglais travaillant et publiant dans ce domaine. Les oiseaux eux-mêmes, également à la lecture de ces quelques

1. Amotz ZAHAVI, « Arabian babblers : The quest for social status in a cooperative breeder », *in* Peter STACEY et Walter KOENIG (dir.), *Cooperative Breeding in Birds*, Cambridge University Press, Cambridge, 1990, p. 105-132.

lignes, ne semblaient rien apporter de particulièrement original à la diversité ornithologique. Seul leur nom anglais pouvait à la rigueur prêter à sourire : le *babbler*, un joli nom qui signifie le babillard.

Mais après ces quelques lignes conformes décrivant un oiseau qui semble l'être tout autant, l'article prenait une tournure étonnante : au lieu des chiffres exprimant le travail global du groupe – combien de jeunes ont été élevés, combien ont survécu, combien d'œufs, combien d'oiseaux aident les parents autour du nid – un premier tableau retraçait la vie de chacun des individus d'un groupe d'une cinquantaine d'oiseaux. Pour chacun de ces cratéropes s'inscrivaient sous forme de signes divers, et pour chaque année entre 1972 et 1987, les événements qui marquent ses quinze ans de vie : son départ du territoire parental, ses premiers œufs, ses compagnes, ceux qui l'aident à élever les jeunes, si lui-même assume par moment ce rôle, ses recherches de territoires, ses échecs et ses succès, etc. La rupture avec le style traditionnel ne s'arrêtait pas là : au lieu de statistiques, résidus d'expérimentations éprouvant des hypothèses, au lieu de tableaux aux lignes pures, l'article entier racontait des histoires : voici ce que font les oiseaux au cours de leur vie, et voilà sans doute pourquoi ils le font comme cela. À ce *dire* particulier correspondait un *faire* au moins aussi étonnant : le cratérope, ou *babbler*, n'était de toute évidence pas un oiseau comme les autres.

Aux comportements relativement monotones habituellement décrits dans ce genre de littérature se substituaient des descriptions des plus étonnantes. Précisons que les *babblers* vivent dans des groupes de trois à quinze individus dont seule une paire, *en principe*, se reproduit. Ceci n'a rien, chez les oiseaux, de vraiment exceptionnel. Mais le terme « en principe » doit éveiller notre attention. Ce privilège du couple reproducteur n'est pas un invariant du programme pas plus qu'une règle préalablement inscrite. Il s'agit plutôt d'un compromis auquel certains groupes semblent arriver, en le créant activement, comme s'il était à chaque fois à réinventer. Et comme toute création active, toute invention, ces compromis peuvent prendre des formes diverses et originales, donner une tonalité particulière aux relations entre les dominants et les dominés et mettre en œuvre un éventail comportemental étonnant chez les oiseaux : les cratéropes jouent, se baignent ensemble, s'offrent des présents, se proposent des services mutuels, se toilettent les uns les autres, peuvent nourrir des congénères et semblent même parfois entrer en conflit pour le privilège d'aider ou d'offrir. Enfin, ils dansent en groupe à certains moments de la journée, quelquefois pendant près de trente minutes. À ces « histoires » étonnantes succédaient des théories qui ne l'étaient pas moins. Nous y reviendrons.

Après la lecture de cet article, mes questions devaient changer. À l'époque, deux questions m'habitaient : la première concernait notre tendance à être moral : cette tendance pouvait-elle être partiellement le fait d'un héritage phylogénétique ? J'avais cherché dans la littérature éthologique tout ce qui me semblait constituer de bons précurseurs de nos comportements moraux et plus particulièrement de nos comportements altruistes[2]. S'y ajoutait une question corollaire : peut-on, notamment sur base de ces analogies, établir un lien de continuité entre l'homme et l'animal ?

Les oiseaux, nous aurons l'occasion de l'expliquer plus longuement, présentent de nombreux comportements appelés altruistes, le plus souvent en jouant, pour des congénères, le rôle d'aidant au nid (*helper at the nest*). Ils apportent de la nourriture à la nichée, peuvent parfois (plutôt rarement) incuber les œufs, et surtout apportent un réel soutien dans la défense du territoire. Les activités appelées altruistes se réduisent généralement à l'un ou l'autre de ces comportements, et les articles se résument à tester à leur sujet l'une ou l'autre hypothèse explicative. Si l'on veut connaître une plus grande diversité des comportements sociaux, il faut se tourner vers la littérature consacrée aux mammifères, ou mieux encore – parmi ceux-ci – aux primates.

2. Vinciane Despret, « Éthique et éthologie. Une histoire naturelle de l'altruisme », *Cahiers d'éthologie*, 11, 2, 1991, p. 141-266.

La lecture de l'article de Zahavi m'avait déroutée : les oiseaux qu'il décrivait se comportaient comme des mammifères. Étaient-ils donc si particuliers pour avoir donné à la fois des observations étonnantes et des théories inventives et marginales ? Ou bien fallait-il adopter l'hypothèse inverse : ce n'était pas tant les oiseaux qui étaient extraordinaires, mais le regard que Zahavi avait posé sur eux et qui leur avait conféré des qualités exceptionnelles. Les cratéropes étaient-ils des singes volants – comme je les avais appelés alors – ou n'était-ce pas plutôt Zahavi qui avait surchargé ses observations d'interprétations les plus folles et transformé des comportements élémentaires en des jeux complexes ?

Du coup, à la question de savoir si l'animal « est moral » s'est substituée la question de savoir pourquoi certains auteurs le définissent comme moral – et observent de nombreux comportements analogues aux comportements moraux – là où d'autres auteurs – observations pertinentes à l'appui – le décriront comme égoïste, voire sanguinaire.

À la question de la continuité ou de la rupture – la question de la signification du précurseur – se substitue ainsi la question du regard qui crée cette continuité ou cette rupture. Nous savons qu'aucune de nos représentations ne peut être considérée comme neutre. Les représentations que nous construisons lorsque nous envisageons l'animal le sont généralement encore moins que de nombreuses autres. Être comme un animal peut prendre, selon les cultures – et selon l'animal envisagé –, des valences les plus positives aux plus négatives, peut représenter la plus désirable ou la plus effrayante des expériences. L'animal est devenu, dans les cultures occidentales, plus particulièrement à l'âge classique, le lieu de « projections » au sens psychanalytique du terme[3] : la nature qui effrayait à l'extérieur devient, une fois maîtrisée, une menace de l'intérieur.

L'animal offre à l'homme un miroir plus ou moins déformant, plus ou moins acceptable : proche et lointain à la fois ; il est à

3. Michel Foucault, *Histoire de la folie à l'âge classique*, Gallimard, Paris, 1972.

la fois le même et le différent. Le regard que nous portons sur lui, la façon dont nous en construisons la représentation peut le rendre plus *même* ou plus *différent*. En ce sens également, l'animal est à la fois objet et sujet. Et, comme objet-sujet, il *définit* en même temps qu'il *constitue* l'homme comme sujet-sujet : dans l'identité et dans l'altérité. C'est là que se joue le rôle fictionnel du précurseur : être à la fois le même et le différent.

Ma question devenait dès lors : qu'en est-il alors du discours que l'on tient au sujet de ce même-différent ? Comment ce discours participe-t-il de cette identité et de cette différence ? En d'autres mots, quand nous voyons un animal, que pouvons-nous dire de notre *voir* ? Si ce que Jean dit de Pierre nous en apprend souvent beaucoup plus au sujet de Jean que de Pierre[4], *qu'est-ce que notre discours éthologique nous apprend de nous ?* Ce que Zahavi nous dit de ses cratéropes nous en apprend-il plus sur Zahavi ou sur ses cratéropes ? Tenter de comprendre ce qui, dans l'éthologie de Zahavi, tient du regard de Zahavi ou de la singularité du cratérope nous ramène à la question de la continuité ou de la rupture : comment arrivons-nous à penser qu'un animal est le *même*, comment en arrivons-nous à penser qu'il est le *différent* ? Je me réfère ici explicitement à la question du *comment* et non pas à la question du *pourquoi*. La question du *pourquoi* interroge les enjeux qui sous-tendent la représentation de l'animalité et renvoie à l'autre question : pourquoi le voyons-nous tel que nous le voyons ? Nous reviendrons sur cette seconde question dans les pages qui suivent, sans pour autant abandonner les préoccupations liées à la première, la question que nous posons *au terrain*, c'est-à-dire qui nous permet d'interroger les pratiques.

La question est vaste et le motif compliqué. Motif prend ici sa double signification : il est à la fois le dessin d'une tapisserie que nous nous efforçons de défaire pour comprendre comment elle fut tissée ; mais il représente en même temps les raisons, les

4. Je remercie Lucien François de cette définition lapidaire de ce que je voulais exprimer.

enjeux de cette élaboration d'un discours particulier sur l'animalité. Les motifs sont nombreux et intimement enlacés, il nous faudra tenter de trouver quelques-uns de ces fils sans les casser. L'un d'eux sera, dans notre travail, celui qui lie les théories, les méthodologies et ce que nous allons définir comme le contexte de justification de ces théories (la machine à tricoter, la mode des couleurs, le projet du couturier, le succès du tissu).

Le contexte de justification

Si le concept de « justification » n'est peut-être pas des plus heureusement choisi, il m'a cependant semblé recouvrir une bonne partie de ce qui donne naissance à une théorie et contribue à la soutenir. *Justification* fait ici référence à la fois à *juste*, au sens de vrai, parce que certaines théories ont l'air plus « justes » que d'autres ; et à *juste*, au sens moral, car certaines théories sont en accord avec une certaine pensée morale du monde et de l'histoire[5] ; mais le terme peut également faire référence à *justification* au sens de bonnes raisons, parce qu'une théorie véhicule une série de raisons de dire et de penser les choses comme elle les dit et comme elle les pense, et que sa victoire ou son échec s'expliquent eux aussi selon un ensemble de bonnes raisons qui sont étrangères à la vérité ou à la fausseté de ses énoncés[6]. Il ne s'agit donc

5. Nous aurons l'occasion de revenir quelquefois sur le sujet de notre attachement très émotionnel à une représentation morale du monde et de la causalité. Je fais une simple remarque ici en pensant que notre épistémologie est parfois mise en scène morale de notre relation au monde lorsque l'on s'attache à la formulation : « Les choses ont dû se passer ainsi », soit expression du déterminisme où les choses se trouvent dans un devoir être et une obligation de devenir, soit vision esthétique et morale des obligations du passé face au présent. Quand Isabelle Stengers, dans *L'Invention des sciences modernes* (La Découverte, Paris, 1993), analyse les « bonnes causes », il me semble que nous parlons de la même chose.

6. Je ne ferai pas, pour des raisons un peu inutiles ici et trop longues à expliquer, de différence entre le contexte de la découverte et celui de la justification. Je me démarque ici de la terminologie de Paul Feyerabend (*Contre la méthode*, Seuil,

pas seulement et simplement du contexte social : celui-ci joue bien sûr un rôle important, d'abord parce qu'il influence notre manière de donner un sens et une interprétation aux relations entre les organismes, ensuite parce que certaines théories ont plus de chances d'être acceptées que d'autres, qui heurtent les croyances, les convictions et les sentiments. Dans ce dernier cas, nous assistons à l'action conjointe d'un autre contexte : le contexte émotionnel. Une théorie sera perçue comme *juste* ou *injuste*, parce qu'elle est en accord ou en désaccord avec certaines représentations auxquelles nous sommes attachés.

Le contexte de justification ne peut se limiter au contexte social pour d'autres raisons. Le réductionnisme social qui consiste à penser que le discours sur la nature est un produit de l'application de *notre* conception des structures sociales à l'ordre de la nature est une tentation constante lorsqu'on se mêle de délier les liens entre les théories scientifiques et le contexte qui les produit. Mais ce type de démarche, comme nous le verrons, entraîne parfois dans des contradictions intenables. Indépendamment de ces contradictions, l'on doit remarquer que si le fait d'appliquer nos idées du social à la nature est une forme d'anthropomorphisme, à l'inverse, on ne peut considérer que toutes les formes d'anthropomorphismes sont un produit simple de l'*effet société* et qu'elles peuvent s'y réduire. Il est utile d'introduire une distinction entre deux types de procédures anthropomorphiques : lorsque l'éthologie tente de retrouver la justification de la propriété privée en élaborant une théorie comme celle des jeux évolutionnaires (lorsqu'elle met en scène ce qu'on appelle la « stratégie du bourgeois » qui montre que le respect de la propriété est une stratégie stable permettant

---

Paris, 1979) qui utilise le terme de justification plutôt pour désigner l'étape de la recherche pendant laquelle le chercheur va *justifier* et argumenter sa découverte afin d'y intéresser ou de convaincre les autres. Mes raisons de ne pas séparer le contexte de découverte de celui de la justification apparaîtront plus clairement au cours des prochains chapitres. Quoi qu'il en soit, le contexte de la découverte, comme les objets qui sous-tendent les productions scientifiques, fait partie intégrante du contexte de justification, et n'en est qu'un des moments particuliers.

d'éviter les conflits), elle est une forme d'anthropomorphisme qui porte la signature d'une société donnée. Par contre, lorsqu'elle attribue à l'animal des comportements comme le fait de danser, embrasser ou aimer – qui sont des comportements identifiés et nommés par analogie avec les catégories humaines –, l'anthropomorphisme échappe à une analyse sociale de ce type.

Le contexte de justification va donc résumer l'influence des facteurs qui justifient la récolte des informations d'une manière plutôt que d'une autre : par exemple, le fait qu'une hypothèse influence la *construction* ou la prise en compte de certains faits. Ceux-ci, une fois sélectionnés, vont justifier la théorie qui a présidé à leur mise en signification. On parlera alors en termes de croyances et d'attentes pour expliciter ce champ du contexte.

Il s'agissait dès lors de tenter d'appliquer cette grille de lecture constructiviste au travail de Zahavi : non seulement analyser ses articles mais aussi envisager leurs hypothèses et propositions théoriques en relation avec les pratiques, les méthodologies, avec les contextes de justification dans lesquels ces théories, ces hypothèses et ces pratiques ont émergé et se sont développées. Il s'agissait de « détisser » les liens du contexte de la construction des représentations du cratérope, d'observer comment les attentes de l'observateur avaient pu produire l'existence d'oiseaux extraordinaires.

Le paradigme de l'effet prédictif

Une recherche de ce type avait déjà été menée, il y a quelques années, mais dans un laboratoire cette fois. Depuis, l'expérience de Robert Rosenthal[7] constitue un paradigme de l'influence des croyances et des attentes de l'observateur sur l'animal observé. L'exemple est un peu caricatural et fut maintes fois critiqué,

7. Robert Rosenthal, *Experimental Effects in Behavioral Research*, Appelton, New York, 1966.

mais il n'en reste pas moins intéressant quand on veut aborder certaines difficultés des recherches en psychologie animale ou humaine. Ces difficultés sont liées à la particularité de l'objet de la recherche : l'objet est un sujet. C'est-à-dire que l'objet est un *quelqu'un* qui sera irrémédiablement affecté par cette recherche. La recherche devient dès lors, comme le dit Isabelle Stengers à propos des recherches de Milgram, une recherche « productrice d'existence[8] ». En tant que telle, elle échappe partiellement à l'expérimentateur qui en fait désormais partie.

Voyons comment l'expérience de Rosenthal est devenue productrice d'existence, peut-être plus encore que l'expérience de Milgram parce qu'elle a, sans le savoir, multiplié les objets devenus sujets.

Rosenthal demanda à ses étudiants de continuer les recherches entreprises à l'université de Berkeley dans les années 1940 par Robert Tryon avec des rats. Cette recherche avait eu pour but d'évaluer l'hérédité de l'intelligence. Pour ce faire, Tryon avait testé des rats à l'épreuve du labyrinthe, avait sélectionné les plus brillants et les plus médiocres, et avait veillé à ce qu'ils ne se reproduisent qu'avec des partenaires de même niveau. Selon Tryon, les courbes d'apprentissage s'étaient améliorées chez les rats brillants et dégradées chez les médiocres, avant d'arriver, après quelques générations, à un plateau où les résultats ne semblaient plus varier. L'expérience était depuis longtemps terminée, mais l'université de Berkeley avait gardé certains spécimens et maintenu le processus de sélection. Les descendants des deux lignées pouvaient donc être soumis à l'épreuve du labyrinthe pour être à leur tour testés. Rosenthal constitua plusieurs groupes de deux étudiants et remit à chacun de ces binômes un descendant des rats de Berkeley. Il s'agissait d'évaluer leurs performances, en d'autres termes, de voir si les intelligents l'étaient tout autant ou plus encore et si ceux qui l'étaient moins avaient vu se dégrader encore un peu plus leurs capacités. Les étudiants firent leurs recherches avec, semble-t-il,

8. Isabelle Stengers, *L'Invention des sciences modernes*, *op.cit.*

tout le soin nécessaire, et ils confirmèrent les hypothèses de Tryon : les descendants des rats intelligents obtenaient de meilleurs scores aux performances que leurs congénères idiots.

Le problème était, bien entendu, que les rats de Tryon avaient disparu depuis belle lurette des laboratoires et que ces prétendus héritiers de Berkeley avaient été achetés pour la circonstance et distribués de manière aléatoire dans les groupes chargés de les caractériser. La question de savoir ce qui s'est exactement passé n'a pas à ma connaissance reçu de réponse satisfaisante. Nous pouvons néanmoins émettre quelques hypothèses même si c'est sur le mode de la fiction.

Posons la question autrement : que se serait-il passé si un anthropologue avait été convoqué sur le lieu de l'expérience ? Aurait-il perçu les mécanismes ayant œuvré à faire de cette expérience le paradigme de la prédiction autoréalisatrice ?

Tentons d'envisager ces hypothèses dans certains des termes du contexte de justification. En postulant que les étudiants n'ont ni triché ni menti intentionnellement (ce qui semble le cas), l'anthropologue aurait pu observer comment s'établit la relation particulière entre les chercheurs et les rats (première hypothèse : la relation affecte les performances). Imaginez que l'on vous confie un animal – plus encore un rat, même si nos gros rats blancs de laboratoire éveillent moins de terreur et de répulsion que les rats des villes – en vous disant : vous avez entre les mains un animal d'une intelligence supérieure. Vous n'aurez pas la même attitude à son égard que si l'on vous a dit que c'était le dernier des idiots. La façon de le manipuler, de le mettre dans des conditions expérimentales favorables, etc. va certainement être très différente d'un cas à l'autre. Ce fut l'une des hypothèses de Rosenthal. Les étudiants eux-mêmes la confirmèrent en remplissant un questionnaire leur demandant de décrire la relation particulière qu'ils avaient pu établir avec leurs rats. Un rat intelligent inspire la confiance et fait, apparemment plus qu'un rat vécu comme idiot, appel aux mécanismes d'identification qui favorisent l'empathie. Notre anthropologue aurait ainsi pu observer comment les rats sont saisis, manipulés, déposés ou jetés dans les labyrinthes des épreuves, calmés avant les tests, renforcés après, etc.

Il aurait pu aussi regarder la manière de noter les résultats, la différence de précision d'un groupe à l'autre (par exemple, dans le relevé des chronomètres), le fait de négliger certains résultats contradictoires en les attribuant à l'erreur, etc. Ceci constitue une autre hypothèse plausible : les données récoltées sont activement sélectionnées et filtrées.

L'autorité comme discours qui rend vrai

Notre anthropologue, amateur de lectures sociologiques sur la manière dont la science se fait, aurait pu lire les événements en termes de *pouvoir* – et poser la question de savoir quel serait le sort, en termes de carrière ou de résultats aux examens, d'un étudiant chercheur qui obtiendrait des résultats contraires à ce que l'expérimentateur attend de lui. Il aurait aussi pu la poser en termes d'*autorité*, au sens batesonien du terme : comment ces étudiants ont fait tout ce qui était en leur pouvoir, de manière non consciente, pour rendre le discours de Rosenthal *vrai*, parce qu'il était important pour eux qu'il en fût ainsi.

Rosenthal ne semble pas envisager toutes les conséquences possibles de cette nuance entre pouvoir et autorité. Il est vrai qu'il écrit, à propos des expériences démontrant les biais possibles dans l'étude de l'humain que « la troisième partie non présente est l'investigateur principal, qui, par ce qu'il est, et par ce qu'il fait et comment il le fait dans sa propre relation dyadique avec l'expérimentateur, affecte de manière indirecte la réponse du sujet qu'il ne rencontre jamais. Il change le comportement de l'expérimentateur d'une façon qui change le comportement du sujet[9] ». Mais lorsqu'il décrit l'expérience des rats, il précise qu'il prend toute une série de précautions afin que chaque étudiant ait bien

9. R. Rosenthal, *Experimental Effects in Behavorial Research*, *op. cit.*, p. 109.

conscience que les résultats du travail n'affectent ni sa notation ni sa carrière future. Dès lors qu'il s'agit de notation ou de carrière, nous voyons clairement que ce qui est en jeu ce sont les éléments d'une relation de *pouvoir* et non pas d'*autorité* entre Rosenthal et ses étudiants. Il me semble démontrer que la distinction entre pouvoir et autorité n'est pas clairement établie dans ce cas.

Notons au passage que les trois hypothèses envisagées n'épuisent pas le champ des hypothèses possibles ; elles ne posent pas la question de la validité des classifications et des critères qui les accompagnent mais, surtout, elles ne sont pas incompatibles – au contraire – puisqu'elles se complètent l'une l'autre.

En repensant à la définition batesonienne de l'autorité, il me vient à l'esprit que c'est là sans doute que se situe le vrai nœud du problème. Ce que l'expérience de Rosenthal nous apprend n'est peut-être pas là où Rosenthal le pensait. L'objectif de l'expérience est atteint puisqu'il s'agissait bien de tester l'influence des attentes sur le résultat d'une expérience, mais le lieu ou le niveau auquel se situe cet objectif n'est pas uniquement celui où Rosenthal l'attendait. On peut penser que les étudiants de Rosenthal, sensibles à l'autorité de celui-ci, ont saisi intuitivement – et peut-être même sans en être conscients – ce qu'étaient les attentes réelles de Rosenthal : qu'ils se trompent, qu'ils soient tous dans l'erreur. En définitive, la question que l'on doit poser à Rosenthal est de savoir sur quelle prédiction autoréalisatrice porte l'expérience : celle de l'étudiant à propos du rat ou la sienne à propos de l'étudiant ?

Il semble que l'expérience porte tout autant sur l'influence de la prédiction des étudiants au sujet de l'intelligence ou de l'idiotie des rats que sur l'influence de la prédiction de Rosenthal sur les performances des étudiants (mes étudiants sont des idiots ou des naïfs ou, encore, seront bernés par moi, Rosenthal). Le lieu de l'expérience n'est plus dans le laboratoire, entre un rat idiot (ou intelligent) et un étudiant, mais se situe désormais dans le reflet de cette expérience, entre un étudiant défini comme celui *qui ne sait pas* et Rosenthal, qui l'a défini de cette manière. Aux attentes des étudiants par rapport aux rats correspondent les attentes de Rosenthal par rapport aux étudiants lorsqu'il espère qu'ils se se laissent duper...

Si Rosenthal n'a pu déceler où les biais se sont créés, c'est peut-être parce qu'il était devenu lui-même sujet de son expérience et qu'il se trouvait désormais à l'intérieur du dispositif mis en place pour produire l'existence. *Ce ne sont pas les rats seuls qui sont devenus autres dans cette expérience transformatrice, ce sont aussi les étudiants, et c'est surtout Rosenthal lui-même.* C'est à la fois simple et compliqué : on attribue à l'interprétation de cette expérience deux niveaux d'explication qui ne reçoivent pas – à tort – le même traitement explicatif : si c'est la prédiction qui fait envisager les rats comme intelligents ou idiots, on en déduit (en se fiant à ce que l'on sait précédant l'expérience) que les rats ne sont pas *vraiment* intelligents ou idiots. Dans cette perspective, le fait de les considérer selon l'étiquette relève donc de l'erreur puisque le rat n'est pas, dans la *réalité vraie*, comme on l'étiquette. Mais le fait de prédire que les étudiants vont être bernés ou sensibles aux attentes ou à l'étiquette ne remet pas en question la définition que Rosenthal leur attribue pour prédire leur comportement. Le fait que l'étudiant se comporte de la manière dont Rosenthal l'étiquette ne sera pas interprété ici comme une erreur. Le traitement est donc injuste : *Rosenthal refuse à son influence l'impact qu'il attribue à l'influence de l'étudiant sur le rat.* En d'autres termes, dans l'optique de Rosenthal, le rat « dans la réalité vraie » n'est *pas* comme on l'étiquette – ici l'étiquette produit de l'*erreur* – mais l'étudiant lui, dans « la réalité vraie », est bien comme Rosenthal l'a étiqueté – un étudiant berné : ici seulement l'étiquette prédit – et produit – la vérité.

Un moyen simple de sortir de cette contradiction entre les deux niveaux explicatifs est d'admettre que l'expérience est productrice d'existence vraie aux deux niveaux : les rats sont vraiment *devenus* intelligents ou idiots, les étudiants sont vraiment *devenus* comme Rosenthal attendait d'eux qu'ils soient dès le moment où l'expérience les a fait exister comme tels.

Expériences productrices d'existence

Qu'aurait pu faire notre anthropologue ? Comment aurait-il pu être capable de déconstruire un lien dans lequel il était lui-même pris ? Dans ce contexte, peut-on rêver que l'étude des liens entre les méthodologies et les théories puisse nous révéler quelques secrets ? Peut-on rêver d'un contexte de justification qui se dévoile ? Que l'on puisse pointer du doigt et s'exclamer : là est le moment de la subjectivité du chercheur ! Là est le moment de l'anthropomorphisme ! Là est le moment du pouvoir et des intérêts !

Je ne le rêve pas pour l'expérience de Rosenthal parce qu'elle produit de l'existence. L'anthropologue pourra bien sûr travailler sur les conditions de cette production et sur ses différents niveaux, sur les mystifications et les croyances. Mais parce que, au contraire de l'expérience de Rosenthal, il n'y a, sur les terrains de l'éthologie (hormis dans *Brazzaville plage*, le roman de William Boyd[10]), aucune mystification, aucun secret, aucun dévoilement, les liens entre les conditions productrices d'existence ne peuvent pas recevoir d'emblée un sens. En termes plus simples, je ne peux pas savoir, de ce que l'animal fait et de ce que l'auteur interprète de ce faire, lequel va produire l'existence de l'autre…

Il y a des liens qui peuvent se décrire ou même plutôt se créer. Des hypothèses seront faites pour tenter de leur donner un sens, une signification. Les domaines dans lesquels toute recherche *modifie son sujet*, parfois simplement du fait même de s'y intéresser, diffèrent en cela considérablement d'un monde naturel sans âme : il en est ainsi, par exemple, lorsque Harry Collins et Trevor

10. Dans ce roman, une jeune scientifique est conviée à travailler avec une équipe de primatologues. Au cours de ses observations, elle « découvre » que les singes observés ne sont pas aussi pacifiques et « humains » que ce que l'équipe pense. Une découverte assez macabre remet radicalement en question toutes les hypothèses et postulats des membres de l'équipe. Ceux-ci vont se liguer contre notre jeune héroïne et utiliser tous les moyens, des plus « scientifiques » aux plus convaincants, pour « sauver » les hypothèses au sujet de leurs chimpanzés.

Pinch montrent que chaque cours où les enfants effectuent tous ensemble la même expérience représente, en petit, le monde de la recherche scientifique[11]. En inversant le principe de l'expérience de Rosenthal, puisque le professeur demande aux enfants de déterminer, sans qu'ils la connaissent d'avance, quelle est la température d'ébullition de l'eau (en plongeant un thermomètre dans un bécher), on constate que les résultats vont différer de plusieurs degrés. Mais ces différences peuvent toutes recevoir une explication univoque : le thermomètre de l'un se trouvait dans une bulle de vapeur surchauffée quand il a effectué la mesure, l'eau du vase d'un autre contenait des impuretés, le troisième a été distrait, ou il a laissé s'évaporer l'eau et exploser le thermomètre, etc.

Il ne peut en aller aussi simplement des sciences concernées par l'étude des vivants. En tant que sciences productrices d'existence, elles sont le lieu de la création de liens multiples et non univoques entre les théories et les pratiques qui en constituent d'abord les outils, ensuite les conséquences.

Il y a en outre, derrière chacune des hypothèses qui va créer les liens entre une théorie, une pratique et les objets auxquels celles-ci s'adressent, une hypothèse plus fondamentale qui fait que nous perdons toute extériorité. Elle est à ce que nous observons ce que la relation de Rosenthal à ses étudiants est à la relation entre les étudiants et les rats. Cela est bien connu des sociologues des sciences qui ont (presque toujours) le souci de se protéger de plus ironiste qu'eux. « Notre propre grille d'analyse n'échappe pas, bien sûr, aux mêmes critiques que nous émettons pour notre objet d'analyse », dit-on alors. Mais on le dit vite. Comme si l'on risquait de créer la régression à l'infini. Pourtant, si j'ai bien compris Isabelle Stengers, c'est justement là que l'on aurait pu commencer à rire[12]. On le dit vite, comme si cela n'avait

11. Harry Collins et Trevor Pinch, *Tout ce que vous devriez savoir sur la science*, Seuil, Paris, 1994, p. 199.

12. « J'appellerai humour, dit Isabelle Stengers, la capacité de se reconnaître soi-même comme un produit de l'histoire dont on cherche à suivre la construction,

pas tant d'importance. Comme si, entre gens bien, on devait prendre néanmoins certaines précautions face à un autodidacte mal dégrossi qui pourrait toujours se manifester.

J'ai pensé que cette limite à notre enquête est une limite essentielle : l'anthropologue qui travaillerait pour Rosenthal deviendrait lui aussi un *élément* constitutif du dispositif de l'expérience, une de ses variables... et il ne pourrait pas travailler avec l'hypothèse fondamentale à l'intérieur de laquelle il se situe. Ce que le rat est devenu dans la relation particulière avec l'étudiant, l'étudiant lui-même l'est devenu dans la relation particulière avec Rosenthal : l'étudiant a existé comme producteur de rats intelligents. Rosenthal s'est mis à exister comme producteur d'étudiants producteurs de rats intelligents (ou idiots, mais on peut préférer regarder le bon côté des choses), comme Milgram s'est mis à faire exister des bourreaux. Il y a dans cette expérience une cascade de production d'existences au sein de laquelle chacun des acteurs est pris à l'intérieur d'une hypothèse plus fondamentale que celle dans le cadre de laquelle il travaille. Et l'anthropologue lui-même n'échappe pas à la règle : en observant comment chacun des chercheurs entre en rapport avec l'animal, il produit un phénomène nouveau, une nouvelle relation « chercheur-animal » dont il est de manière irréductible le troisième terme. La question impossible « comment était l'animal avant que le chercheur ne le regarde ? Comment est-il indépendamment de son regard ? », doit prendre en compte l'hypothèse fondamentale inaccessible : « Comment étaient-ils avant que je ne commence à les regarder ? » Ceci voudrait alors dire que s'il est possible d'être constructiviste dans une salle de lecture, la situation se complique singulièrement lorsque l'on se trouve soi-même acteur d'une mise en scène scientifique. Cela, on va le voir, ce sont les cratéropes qui me l'ont appris.

---

et ce en un sens où l'humour se distingue d'abord de l'ironie [...]. L'humour, lui, est un art de l'immanence ». Isabelle Stengers, *L'Invention des sciences modernes*, *op. cit.*, p. 79.

Parce que l'hypothèse fondamentale nous est aussi inaccessible que le réel en soi, il reste sur le terrain le travail descriptif des *hybrides*[13] : des animaux dans des réseaux de théories, d'outils et de méthodologies ; il reste le travail de création de liens entre les *dires* et les *faires*. Les *dires* seront alors, dans ce contexte, ceux des chercheurs travaillant autour de Zahavi dans un centre de recherche d'une réserve naturelle, au milieu du désert du Néguev, en Israël. Ces *dires* construisent ce qu'on appelle la théorie du handicap. Les *faires* seront bien entendu les activités extraordinaires de ces oiseaux qui ont donné naissance à cette théorie du handicap.

La danse du cratérope écaillé

L'un des comportements surprenants du cratérope est le fait qu'il danse. La danse du cratérope appartient à cette catégorie particulière de comportements dont on ne peut dire s'il en existe une bonne interprétation par rapport à une autre. Le fait d'avoir appelé une série de mouvements *danse* plutôt que *jeu* ou *bousculade* constitue déjà une classification particulière d'une séquence régulière d'actions. Cette classification va déjà privilégier certaines interprétations compatibles avec ce qu'on insère d'habitude dans cette catégorie et va surtout en exclure d'autres.

La danse du cratérope écaillé n'est qu'un prétexte, un nœud dans notre histoire. Sa description m'avait tant intriguée que j'avais changé mes questions pour adopter celles de notre anthropologue imaginaire envoyé dans le laboratoire de Rosenthal. Je savais que, comme lui, je ne pourrais clore la question de savoir si c'était le regard de Zahavi ou le comportement des oiseaux eux-mêmes qui en faisaient des êtres aussi extraordinaires. Mais je pensais

13. Terme que j'emprunte à Bruno Latour (*Nous n'avons jamais été modernes*, La Découverte, Paris, 1991) et par lequel il désigne les médiateurs entre la nature et la culture.

pouvoir dénouer quelques-uns des motifs de leur interaction. Je devais donc les rejoindre et les regarder coexister.

La danse est au centre de notre histoire parce qu'elle cristallise, en tant que représentation, quelques-uns des éléments du contexte de justification. Avec elle apparaît, par exemple, la dynamique particulière entre les faits observés et leur classification. Par elle, le fait devient objet de sa catégorie : le mouvement devient une danse et il devient difficile, voire impossible, de le considérer autrement, de la même manière que la perception du vase dans la figure de Rubin rend difficile à l'observateur naïf de percevoir ensuite le fond comme une forme[14].

Ensuite, grâce à la danse, nous verrons apparaître les relations de pouvoir entre deux chercheurs puisqu'elle fut le lieu d'un conflit entre deux interprétations. Va surgir à son propos – et peut-être en réponse à ce conflit – la question de l'influence de l'observation sur le comportement des oiseaux. Cette question permit à un chercheur de concilier les exigences divergentes de son travail.

Enfin, l'interprétation de la danse peut être mise en relation avec l'ensemble de la théorie, avec le contexte social et avec les méthodologies. La danse du cratérope écaillé constitue, avec quelques autres comportements de cet oiseau très particulier, le point de départ d'une théorie inventive, originale, réactionnaire en même temps et, surtout, très controversée : la théorie des signaux et son corollaire, le principe du handicap.

Je vais tenter de décrire quelques éléments du contexte de justification de cette théorie en sachant qu'aucune interprétation ne pourra en épuiser les multiples sens. J'ai glané çà et là des événements, des moments où la méthodologie semblait imprimer

14. La figure de Rubin est une figure noire et/ou blanche qui présente la caractéristique d'offrir deux images par le jeu du fond et de la forme : on peut y voir soit un vase (forme noire centrale entourée de blanc), soit deux profils qui se font face (deux formes blanches sur fond noir central). Il semble impossible de percevoir les deux images en même temps, l'une figurant toujours le fond, l'autre la forme. Une fois l'une des deux images perçue, l'autre apparaît moins facilement.

une marque particulière à la théorie, des moments où les faits de terrain et la structure sociale dans laquelle émergent les discours décrivant ce terrain me semblaient parler le même langage, sans que je puisse savoir lequel a donné à l'autre les moyens de se penser comme tel. Il me reste alors à décrire les choses – les causes – comme les produits de la relation entre un texte et une mise en scène : comment le texte ne peut autoriser n'importe quelle mise en scène, et comment la mise en scène donne son sens particulier au texte.

Avant d'exposer la théorie du handicap, nous devons situer le cadre théorique dans lequel cette théorie est née et les questions non résolues auxquelles Zahavi a, avec elle, l'ambition de répondre. Le principe du handicap est une théorie qui interprète certaines informations issues du terrain pour répondre à deux questions importantes, deux paradoxes de la sélection naturelle : l'altruisme et l'extravagance des signaux de la sélection intraspécifique. Dès lors, le premier contexte de justification de la théorie du handicap sera pour nous, avant toute méthodologie ou sociologie, le contexte théorique dans lequel cette théorie émerge. Ce contexte constitue un cadre dans lequel cette théorie peut s'inscrire et auquel elle peut s'opposer (duquel elle peut déborder). Ce contexte théorique est aussi contexte de justification parce qu'il concerne une partie de l'histoire de l'éthologie de ces dernières années. Cette histoire raconte, en même temps et à travers les questions qu'elle pose et les réponses qu'elle invente, nos croyances, nos utopies, et la manière dont nous construisons ce qui nous définit et nous constitue par rapport à l'animalité.

PREMIÈRE PARTIE

LES DÉBATS ÉTHOLOGIQUES

1
LE CONTEXTE THÉORIQUE. LES DEUX PARADOXES DE LA THÉORIE DE L'ÉVOLUTION

L'altruisme

Ce premier paradoxe est assez clair et se résume chez Edward Wilson de la manière suivante : les héros n'ont pas d'enfants[1]. Dès lors, comment les comportements altruistes ont-ils pu se maintenir dans le monde animal s'ils vont à l'encontre de la survie individuelle et du succès reproducteur de celui qui les manifeste ?

Les recherches des années 1960 ont remis les comportements altruistes parmi les questions brûlantes de l'histoire naturelle (et de la psychologie sociale). Les nouveaux concepts de la théorie de la sélection de groupe permettaient de les prendre en compte, ce qui encouragea leur observation. La dimension sociale des comportements, qui avait généralement été ignorée au profit de l'étude des structures et des fonctions, connaissait un regain d'intérêt de la part des chercheurs. Les mouvements sociaux eux-mêmes et les recherches en psychologie sociale semblaient devoir favoriser la solidarité comme domaine privilégié de recherches. Le meurtre de Kitty Genovese et, surtout, le scandale de l'inertie des témoins sont historiquement à l'origine d'une foule de recherches au sujet de l'altruisme. Kitty Genovese était une jeune New-Yorkaise qui

1. Edward Wilson, *L'Humaine Nature*, Stock, Paris, 1979.

fut assassinée alors qu'elle s'apprêtait à rentrer dans son immeuble, un soir de 1964. Ses hurlements de douleur et ses appels au secours n'émurent ni son agresseur ni ses voisins. En sécurité dans leur appartement, ces derniers attendirent plus de trente minutes avant que l'un d'eux ne se décide à appeler la police. Pendant tout ce temps, la jeune fille se fit poignarder et battre sans que personne ne fasse un geste. Au moins trente-neuf personnes sont ainsi restées passivement à l'abri derrière leur fenêtre. Quand les journaux publièrent cette histoire, l'Amérique fut bouleversée. De nombreuses questions se posèrent qui donnèrent naissance à quantité de recherches sur l'altruisme. Elles commencèrent en abordant le problème par sa négative : pourquoi ces gens ne sont-ils pas intervenus ? Pourquoi, en certaines circonstances, ne sommes-nous pas altruistes ? Quels sont les phénomènes qui justifient l'inaction ?

Le meurtre et le scandale de l'inertie des témoins ne constituent cependant, à mon sens, que l'événement déclencheur de ces nouvelles recherches. Une vision optimiste de l'homme et du monde me semble avoir favorisé l'étude de certains champs comportementaux particuliers. Ces nouveaux domaines s'avéraient non seulement enthousiasmants, mais également utiles car des campagnes d'éducation civique ont pu être mises sur pied grâce aux recherches des psychologues sociaux : dès lors qu'on sait ce qui inhibe les comportements pro-sociaux ou altruistes, on devrait pouvoir agir sur ces inhibitions (voir à ce sujet les travaux d'Ervin Staub[2]). Parallèlement à ces recherches à visée éducative – et ce n'est pas une coïncidence – l'on commença à s'intéresser, dans une même optique, à l'apprentissage de la violence.

C'est une définition très singulière de l'humain qui se dégage du simple énoncé de ces programmes de recherches en psychologie sociale : les comportements pro-sociaux ne s'expriment pas

2. Erwin Staub, « A child in distress : the influence of nurturance and modeling on children attempts to help », *Developmental Psychology*, 1, 1971, p. 124-132.

parce qu'ils sont – à partir d'un certain âge ou à cause de circonstances sociales – inhibés ; les comportements agressifs s'expriment parce qu'ils sont appris – par les médias plus particulièrement. Les doctrines comportementalistes issues de la théorie skinnerienne ne sont bien sûr pas étrangères à cette grande utopie d'apprentissage et de désapprentissage des rôles sociaux. Mais ce qui ressort particulièrement de tout cela, c'est la nouvelle anthropologie binaire définissant les comportements pro-sociaux comme intrinsèquement présents – presque innés, on ne fait que les « désapprendre » en somme – et les comportements agressifs comme acquis – puisqu'il faut les apprendre pour les manifester. Derrière cette anthropologie, c'est la vision d'un monde pacifique et solidaire qui semble colorer les théories et les utopies que ces dernières soutiennent.

À la même époque, l'éthologie manifeste elle aussi l'influence de cette nouvelle anthropologie et voit se substituer à la vision du monde résumée par la formule du *struggle for life* (la lutte pour la survie) une autre qui situe les organismes et les individus dans des réseaux d'échange et même de solidarité. En 1962 paraît le livre de V.C. Wynne-Edwards, *Animal Dispersion in Relation to Social Behaviour*[3] et, l'année suivante, la première édition du livre *L'Agression. Une histoire naturelle du mal*, de Konrad Lorenz[4]. Malgré de nombreuses différences et des sources, semble-t-il, indépendantes, les problèmes soulevés par ces deux auteurs et les réponses nouvelles qu'ils apportent sont étonnamment similaires.

Wynne-Edwards postule que les groupes sont sans cesse confrontés à un problème de régulation de la densité démographique. Si l'on en croit la loi de Malthus, telle que Darwin l'a appliquée au monde animal, la croissance démographique suit une courbe galopante par rapport à la croissance des ressources.

---

3. Vero Copner Wynne-Edwards, *Animal Dispersion in Relation to Social Behaviour*, Oliver & Boyd, Édimbourg, 1962.

4. Konrad Lorenz, *L'Agression. Une histoire naturelle du mal*, trad. Fritsch, Flammarion, Paris, 1969.

Les populations animales doivent donc un jour ou l'autre se trouver confrontées à des problèmes de surexploitation et donc d'épuisement des ressources. Selon la conception traditionnelle héritée de Darwin, les seuls facteurs de régulation démographique seraient dus à la pression de facteurs extérieurs comme le climat, l'augmentation de la prédation, les parasites ou la destruction des ressources, ou encore à l'effet d'une compétition sans relâche. Or, constate Wynne-Edwards, on observe que les populations varient toujours dans des limites beaucoup plus strictes que ne l'autorisent – et ne peuvent prédire ou expliquer – ces explications traditionnelles. Lorsque les ressources alimentaires se constituent d'organismes vivants (animaux ou végétaux), il existerait, selon Wynne-Edwards, des « verrous de sécurité », mécanismes actifs utilisés par les individus eux-mêmes pour prévenir leur surexploitation. Wynne-Edwards utilise la métaphore de la gestion du capital : on peut considérer les proies comme les intérêts d'un capital permanent ; aussi longtemps que le consommateur n'exploite que les intérêts, le capital reste intact et peut produire de nouveaux intérêts l'année suivante. Le principe de la régulation démographique réside donc dans le fait de laisser le capital intact. Ce principe ne peut cependant fonctionner que si les populations restreignent leurs effectifs avant qu'il ne soit trop tard, c'est-à-dire avant que les contraintes externes – la pénurie du capital – n'éliminent le groupe tout entier. Les populations animales adoptent des systèmes de conventions, des substituts : le territoire et la hiérarchie. À partir du moment où la possession d'un territoire – ou d'un rang dans la hiérarchie – est la condition nécessaire au fait de pouvoir se reproduire, chacun des membres se soumettant à cette convention collabore à la régulation homéostatique de la densité démographique. La convention exclut du droit à se reproduire les individus surnuméraires. La convention « territoire » est donc le substitut matériel des ressources (la nourriture et les femelles auxquelles il donne par ailleurs accès) : « L'essence de la territorialité, écrit Wynne-Edwards, est donc de réguler le nombre des gagnants et de diviser la population entre ceux qui ont et ceux qui n'ont pas[5]. » De même, si les « consommateurs » sont programmés à défendre des territoires plus larges que ceux que nécessitent les besoins réels, la règle de ce programme, « Défends si tu le peux un vaste territoire », préserve l'intégrité du capital en prévenant la surexploitation. Dans cette perspective, le comportement territorial s'avère être non seulement une convention adaptative, mais un comportement *social* qui bénéficie au groupe tout entier.

La convention « hiérarchie » quant à elle, en excluant du droit à se nourrir ou à se reproduire les individus subordonnés, remplit les mêmes fonctions de préservation des ressources que la convention du territoire. Elle en est également un substitut abstrait et conventionnel.

Une nouvelle définition de la socialité se dessine ici, indépendamment de la grégarité : l'animal social sera donc celui qui accepte, par le système des conventions, de restreindre son intérêt individuel au profit de l'intérêt du groupe ou de l'espèce.

De nouveaux concepts permettant de donner un sens aux observations, donc d'en tenir compte et de les organiser, se constituent alors autour de ce nouveau paradigme, et vont donner naissance à la théorie de la sélection de groupe.

La théorie de la sélection de groupe

À la question des bénéfices de l'altruisme, la théorie de la sélection de groupe répondra que les groupes dans lesquels prévaut la solidarité vont connaître un sort meilleur que les groupes compétitifs. La compétition, dans cette perspective, ne s'envisage plus qu'entre groupes rivaux. Un groupe dont les membres ne respectent pas les conventions sera un groupe en proie à des conflits permanents et violents ou, encore, conduira inexorablement les individus à leur perte puisque ceux-ci détruiront le capital des ressources disponibles.

5. Vero Copner Wynne-Edwards, *Evolution Through Group Selection*, Blackwell, Oxford, 1986, p. 6.

Dans cette perspective, tous les comportements dont la finalité est le bien-être ou la survie du groupe seront des comportements bien adaptés.

Lorenz arrive à des conclusions similaires avec une question au départ très différente : à quoi ce mal qu'est l'agression peut-il être bon ? Si l'agression joue un rôle bien compréhensible dans les relations proies-prédateurs, on peut poser la question au sujet de son maintien dans les relations intraspécifiques. Elle aurait, selon lui, une première fonction de répartition des individus dans l'espace afin d'éviter la surexploitation des ressources. La métaphore lorenzienne est, elle aussi, singulièrement issue du domaine de l'économie libérale : si, dans une certaine région, un certain nombre de médecins et de boulangers désirent trouver leur gagne-pain, ils feront bien de s'installer aussi loin que possible les uns des autres. Il en est de même des animaux occupant un espace donné : il sera utile qu'ils se répartissent le plus régulièrement possible dans l'espace vital disponible. Le danger qu'une population trop dense d'une seule espèce d'animaux épuise toutes les ressources alimentaires dans une partie du biotope disponible est éliminé de la façon la plus simple par l'agression. L'agression joue donc, dans l'hypothèse de Lorenz, un rôle de régulation de la distance et de répartition des individus dans l'espace. Cette répartition permet d'expliquer la territorialité.

On peut souligner ici la similarité des arguments de Lorenz avec ceux de Wynne-Edwards. Mais, une fois cela posé, Lorenz va plutôt se préoccuper de comprendre et de mettre en évidence l'existence de mécanismes qui auront pour fonction de canaliser cette agression, de la « civiliser ». Ces mécanismes seront ceux qui président à la formation des liens.

Dans un premier temps, deux particularités peuvent être dégagées de l'anthropologie lorenzienne : d'abord, s'il est vrai que l'agression est un « mal nécessaire » car elle est une nécessité inhérente à toute vie sociale, ce même mal nécessaire est la condition du lien. Sans haine, pas d'amour possible.

On sera assez étonné de retrouver ici, inchangés, les arguments des prédarwiniens qui tentaient de trouver à Dieu de bonnes raisons d'avoir pu inventer le mal. La bienveillance divine pouvait se retrouver dans des desseins dont le mystère et l'impénétrabilité autorisaient la créativité la plus fantasque chez les naturalistes : ainsi le problème se pose devant la torture infligée à la chenille lorsque les larves de l'ichneumon commencent à la dévorer de l'intérieur – en veillant à ne pas endommager ses organes essentiels afin qu'elle reste vivante. Lyell, soucieux de déchiffrer un contenu moral dans la nature – et donc de donner raison à Dieu – considéra les ichneumons comme une bienheureuse limite imposée par la bienveillance divine à la voracité des chenilles. Sans elle, les chenilles auraient déjà détruit l'agriculture humaine[6].

L'argument utilitariste de Lorenz – le territoire remplit une fonction, a une utilité – révélerait sans doute à l'analyse des enjeux insoupçonnés. En effet, dans cette perspective, tout comme dans celle de Wynne-Edwards, apparaît la conception que le territoire est en quelque sorte une nécessité, et non pas, selon les mots de Gilles Deleuze et Félix Guattari, une émergence[7]. L'enchaînement logique du récit – l'agression précède et fonde le territoire ; l'exigence de ne pas surexploiter est en quelque sorte « cause » du territoire – affirme finalement que le territoire est une nécessité pour la survie

6. C'est pour s'opposer à cette conception utilitariste-créationniste que Darwin se préoccupait parfois plus des ratés de la nature que de ses réussites adaptatives : « Il n'est peut-être pas logique, mais dans mon idée il est beaucoup plus satisfaisant, de regarder le jeune coucou qui chasse du nid ses frères d'adoption, les fourmis qui font leurs esclaves, les larves d'ichneumons qui vivent dans le corps vivant de leur victime, le chat qui joue avec la souris, la loutre et le cormoran qui jouent avec du poisson vivant, comme obéissant, non à des instincts spécialement donnés par le Créateur [...] », Charles Darwin, *L'Instinct animal*, L'Esprit du Temps, coll. « Contrastes », Paris, 1990, p. 55.

7. Selon Deleuze et Guattari, la réorganisation de la fonction de l'agressivité – une fois qu'elle se tourne vers les individus de la même espèce – *suppose le territoire et ne l'explique pas*. Le « facteur territorialisant » doit être considéré comme une émergence, « un devenir expressif du rythme et des qualités propres. En ce sens, la propriété est d'abord artistique parce que l'art est d'abord affiche, pancarte », Gilles Deleuze et Félix Guattari, *Mille plateaux*, Éditions de Minuit, Paris, 1980. p. 388.

de l'espèce. La logique du raisonnement, et ce qu'il tend à fonder, lie de manière singulière préoccupations écologiques, données issues de la nature et arguments sociopolitiques. Nous y reviendrons.

Ensuite, autre particularité de l'anthropologie lorenzienne, l'agression est non seulement une nécessité inhérente à la vie sociale et la condition du lien (en d'autres termes, un mal pour un meilleur bien), mais de surcroît ne débouche que rarement sur la mort. Ces affirmations se fondaient sur les observations de certains comportements – surtout les rituels – dont la fonction serait d'inhiber et de réorienter l'agression intraspécifique. La mort, comme le remarque Martin Daly[8], disparut ainsi de l'analyse lorenzienne et devint invisible pour ses lecteurs. Et quand, à l'issue d'un conflit, un malheureux mourait quand même, on attribuait cette exception à l'accident ou aux pathologies.

La vision du monde comme un conte moral influença ainsi l'interprétation des phénomènes comportementaux et même la manière de leur reconnaître une existence, donc de les collecter. Après une période d'enthousiasme, la théorie de la sélection de groupe montra des signes de faiblesse. De nombreuses critiques furent émises, notamment parce qu'elle ne pouvait pas expliquer comment les populations altruistes n'étaient pas envahies de tricheurs. Avant d'expliquer cette critique, nous pourrions peut-être envisager, de manière plus externaliste, que si la théorie est devenue plus fragile face aux critiques, c'est parce que les temps avaient changé et que la question de savoir ce que veut dire être social ne recevait plus les mêmes réponses.

Récursivité des contextes de justification

Les critiques adressées à l'idéologie de la théorie de la sélection de groupe auraient dû, en principe, nous indiquer le sens

8. Martin Daly, « Evolutionnary theory and parental motives », *in* Norman Krasnegor (dir.), *Mammalian Parenting*, Cambridge University Press, Cambridge, 1991.

de ces changements. Cela ne semble pas devoir être le cas. Ces critiques ne nous ont apporté qu'une impression de confusion et de contradictions insolubles et ne permettent pas de dessiner un contexte de justification qui ait un tant soit peu de cohérence. Cette théorie de la sélection de groupe envisageant le monde naturel comme un monde moral où prévaut la solidarité sera vécue comme la résurgence de la tradition des théologies naturalistes pour certains, comme Stephen Jay Gould[9], ou comme je l'ai moi-même suggéré. Un parallélisme rapide avec d'autres analyses[10] se fondant sur certains textes de l'anarchiste Pierre-Alexandre Kropotkine[11] pourrait conduire à penser que la théorie pacifiste et solidariste de Lorenz présenterait quelque affinité avec des idées égalitaires, voire révolutionnaires. Ce n'est pas le cas, même si le message que la théorie de la sélection de groupe a propagé dans la littérature et les médias de vulgarisation présente d'évidentes caractéristiques de générosité[12] : la vision d'un monde pacifié de coopération et de solidarité dans lequel chaque individu œuvre au bien des autres. Ici a pu jouer le contexte de justification le plus émotionnel : l'histoire que raconte la théorie de la sélection de groupe dans cette version particulière est une « belle » histoire édifiante[13]. Une première dérive a cependant déjà eu lieu : du bien commun, on est passé au bien des autres, sans distinction.

---

9. Stephen Jay Gould, *La Foire aux dinosaures*, Seuil, Paris, 1993.

10. Antonello La Vergata, « Les bases biologiques de la solidarité », *in* Patrick Tort (dir.), *Darwinisme et société*, PUF, Paris, 1992.

11. Zoologiste de formation, Kropotkine a contribué à diffuser les théories darwiniennes en Russie, au début de ce siècle. On trouvera une synthèse dans un livre publié en français en 1906, Pierre Kropotkine, *L'Entr'aide, un facteur de l'évolution*, Éditions de l'Entr'aide, Paris, 1979.

12. Particulièrement dans les émissions télévisées et les reportages consacrés au monde animal.

13. On évoquera plus loin – avec Paul Feyerabend – comment certaines stratégies de scientifiques sont des formes de propagande. Apparaît aussi ici le rôle du « devenir » des théories lorsque, largement diffusé, le message est réinterprété et change imperceptiblement son contenu en mettant l'accent sur un seul de ses aspects.

Or une relecture attentive de Wynne-Edwards (voir, notamment, les citations qui précèdent) met en évidence ce qui reste plus implicite chez Lorenz : le bien commun passe par le bien de *certains* autres (ceux qui ont) au détriment de nombreux autres (ceux qui n'ont pas).

C'est sans doute cette nuance qui a amené quelques historiens plus soupçonneux à considérer que l'idéologie des années 1960 favoriserait l'idée que les comportements sociaux seraient obligatoirement des comportements pro-sociaux, c'est-à-dire des comportements socialement adaptés qui profitent non pas à l'individu, mais au groupe. Derrière ce type de vision repose la croyance qu'il n'y a pas de conflit entre le bien-être du groupe et le bien-être individuel : la théorie de la sélection de groupe apparaît dès lors, selon cette analyse et en reprenant les termes d'Helena Cronin « comme une apologie crue en faveur du capitalisme. Cette apologie se renforce de la croyance que s'il y a un conflit entre les intérêts du groupe et ceux de l'individu, ceux du groupe vont l'emporter. La vision écologiste devient une vision holiste envisageant le monde comme un super-organisme où tout est adapté[14] ».

Un contexte de justification sociale semble bien difficile à dessiner : d'abord, il joue maintenant un rôle dans la production des critiques, nous obligeant à un travail régressif – il nous faudrait analyser le contexte de justification des critiques adressées à la théorie de la sélection de groupe pour évaluer les enjeux de leurs désaccords[15] ; ensuite il a pu jouer de manière plurivoque pour favoriser le succès de la théorie.

L'interprétation du succès et de l'échec d'une théorie est donc elle-même le lieu d'enjeux complexes. Ces contradictions ne doivent cependant pas nous décourager. Nous pouvons aborder la théorie de la sélection de groupe par un autre biais qui semble

14. Helena Cronin, *The Ant and the Peacock*, Cambridge University Press, Cambridge, 1991, p. 278.

15. Et l'on passe ici d'une hypothèse à une autre, plus fondamentale.

moins souffrir de cet effet de poupées russes : au-delà et en deçà de ce contexte de justification sociale en mosaïque, un contexte émotionnel puissant va jouer un rôle non négligeable dans l'attraction que peut produire cette théorie. Lorsque je donnais des séminaires ou des conférences sur l'altruisme animal, je pouvais de manière très claire identifier les émotions du public à l'exposé de l'une ou l'autre théorie : la théorie sociobiologique suscite l'étonnement – et parfois le refus, si on l'expose de la manière caricaturale dont ses propres auteurs usent et abusent ; la théorie de Zahavi, une joie rieuse (devant la surprise, l'absurdité et le paradoxe, l'étonnement, puis le processus identificatoire). La théorie de la sélection de groupe suscite, de manière très univoque, la sympathie. Ce sont ce que j'appellerais des histoires ou des idées « pilo-érectives » parce que les émotions qu'elles suscitent sont d'une nature très particulière. Les histoires de dauphins qui sauvent leurs congénères, de lemmings qui disparaissent pour la survie des autres, de singes qui adoptent un orphelin, sont des histoires édifiantes qui en outre « finissent bien ». Nous reviendrons plus longuement sur la fonction des fictions morales dans notre manière de reconstruire le monde.

Limites à la théorie de la sélection de groupe

Revenons sur les critiques de contenu qui furent adressées à la théorie. Le principal reproche consiste à mettre en évidence le fait que le bien-être du groupe ne peut empêcher l'intrusion – et l'invasion – d'une stratégie mutante d'exploitation des autres. Un individu mutant serait avantagé et supplanterait rapidement le groupe en laissant derrière lui une myriade de petits égoïstes eux-mêmes tricheurs et donc avantagés. En somme, la théorie ne peut résoudre totalement le paradoxe.

Prenons l'un des exemples de comportements volontaires permettant, selon Wynne-Edwards, aux animaux de réguler délibérément leur densité démographique. Les étourneaux, qui se réunissent dans les arbres à la tombée de la nuit, font de ces réunions l'occasion d'échanges d'informations, notamment sur la taille du groupe. Wynne-Edwards qualifie ces comportements d'échanges d'informations d'« attitudes épidéictiques ». Ces échanges d'informations sont généralement suivis d'une régulation de la population. Deux stratégies sont envisagées selon les espèces : dans un premier cas, le système hormonal serait, d'une manière ou d'une autre, sensible aux stimulations produites lors de ces réunions, ce qui a un effet régulateur dans la reproduction de la saison suivante. Ces stimulations pourraient être auditives. Le système hormonal de chacun des individus serait ainsi influencé par le bruit que font les autres membres du groupe. S'il y a beaucoup de bruit – la population est nombreuse –, le système reproducteur sera partiellement inhibé. Ce serait la stratégie adoptée par les étourneaux. Dans l'autre cas, le groupe peut se séparer et une partie, excédentaire par rapport aux ressources, migrera et s'installera ailleurs. Dans cette perspective, comme nous l'avons souligné, les espèces respectent des sortes de conventions sociales leur permettant d'échapper à l'extinction (due à la surexploitation des ressources) en restreignant leur densité. On peut mentionner en passant que cette migration avait déjà été la solution envisagée par Kropotkine à propos des castors. Elle constituait d'ailleurs à ses yeux la preuve évidente de la fausseté de la théorie malthusienne, en même temps qu'un moteur de l'évolution.

Ce système de solidarité ne peut cependant pas être stable : imaginez une stratégie mutante, un individu dont le programme stipulerait de ne pas suivre la règle « crier honnêtement », par exemple un étourneau qui adopterait ce que John Krebs appelle la stratégie du beau geste[16] (en référence à une tactique d'une unité de la Légion étrangère qui, à grand renfort de bruits, leurra l'ennemi sur le nombre réel de ses effectifs). Il se met à crier fort

16. On trouvera cet exemple dans les deux versions du livre de Richard Dawkins, *Le Nouvel Esprit biologique*, Marabout, Verviers (une version corrigée a été publiée plus tard sous le le titre *Le Gène égoïste*, Armand Collin, Paris, 1989).

et même plus fort que les autres. On peut considérer en même temps que l'individu est sensible aux stimulations émises par les autres et pas aux siennes propres, et qu'en criant, il « annule » l'effet des cris des autres sur son propre système (ce qui est tout à fait plausible, un peu comme les enfants chantent à tue-tête pour ne pas vous entendre) : il inhibe ainsi le système reproducteur de ses congénères et aura donc beaucoup plus de descendants que les autres qui crient moins fort. Si ces descendants héritent des talents parentaux et crient fort également, ils envahiront rapidement la population.

À long terme, si tous crient fort, il y a au moins deux conséquences possibles : ou le groupe disparaît, ou l'équilibre des stratégies se modifie. Le premier cas adviendrait du fait qu'en principe les groupes bruyants attirent les prédateurs et devraient disparaître. Cette éventualité n'est cependant pas certaine : Darwin s'étonnait de ce que certains animaux étaient très bruyants et survivaient malgré tout, et Zahavi proposera une explication adaptative au fait de crier fort[17]. Crier fort pourrait donc ne pas être contraire à la survie. La première conséquence possible n'est donc pas une conséquence nécessaire. Dès lors, on tombe dans la deuxième branche de notre alternative en termes de conséquences possibles : le niveau de sensibilité (et d'inhibition) augmente en même temps que l'intensité des cris, et chacun devient donc moins sensible aux stimulations des autres. Il est donc parfaitement possible de « tricher » et la théorie de la sélection de groupe seule ne peut rendre compte des mécanismes qui empêchent une stratégie mutante d'envahir les populations altruistes. Au mieux, on aboutit à des équilibres indécis entre deux stratégies (tricher-coopérer). Le problème de l'existence des conduites altruistes reste donc entier.

Cependant, remarquèrent certains théoriciens comme William Hamilton, il existe une condition qui permet au système d'être

17. Amotz Zahavi, « Why shouting ? », *American Nature*, 113, 1979, p. 157-159.

stable[18] : il suffit que l'altruisme soit réservé aux apparentés. En favorisant les membres proches, l'altruiste favorise aussi ses propres gènes, présents chez bon nombre des membres du même groupe.

La théorie sociobiologique

En 1964, en observant les abeilles, Hamilton réussit à mettre au point un outil théorique qui permet de résoudre pour les insectes sociaux – dans un premier temps – le paradoxe de l'altruisme. Sans entrer dans les détails et dans des considérations techniques précises, on peut résumer le problème – et sa solution – en remarquant que les hyménoptères présentent certaines caractéristiques génétiques comme l'haplodiploïdie. Cette caractéristique a pour conséquence que les abeilles sont génétiquement plus proches de leurs sœurs que d'une descendance éventuelle. Une abeille qui se consacre à ses sœurs plutôt qu'à ses éventuels descendants favorise la transmission de son bagage génétique. Le postulat fondamental de la théorie est que le comportement altruiste est génétiquement déterminé. Si l'individu favorise les porteurs de copies de son bagage génétique, l'altruiste « népotiste » assure le maintien de l'altruisme. L'altruisme génétique, plutôt que de disparaître dans le geste du sacrifice, voit donc se multiplier ses chances d'être génétiquement présent à la génération suivante.

Le modèle de la sélection de la parentèle – qui deviendra la sociobiologie avec Edward O. Wilson – venait ainsi d'être formalisé par Hamilton et se substituait à la théorie de la sélection de groupe. À cette condition théorique répondit une série d'observations empiriques qui semblaient confirmer la théorie et même étendre son champ d'application. Le phénomène était non seulement présent chez les hyménoptères, mais pouvait se rencontrer

18. William Hamilton, « The genetical evolution of altruism », *Journal of Theoretical Biology*, 7, 1964, p. 1-52. Voir également à ce sujet John Maynard Smith, *La Biologie*, Pour la Science, Paris, 1990 ; ou encore Pierre Jaisson, *La Fourmi et le Sociobiologiste*, Odile Jacob, Paris, 1994.

chez d'autres espèces malgré l'absence, chez ces dernières, de la caractéristique de l'haplodiploïdie.

Chez les oiseaux, selon les sociobiologistes, les individus interviennent de manière active dans le succès reproductif de leurs congénères apparentés – nous l'avons déjà évoqué avec le rôle des aidants au nid. Dans ce sens, on a pu dire que l'altruisme était un népotisme. Ainsi, chez certaines espèces d'oiseaux, il semble que les comportements alloparentaux suivraient des règles bien précises. Stephen Emlen les décrira comme suit : « 1. Aide seulement si le récipiendaire potentiel est un membre du clan dans lequel tu vis. 2. Si tu n'es pas apparenté aux membres de ce clan, n'aide pas tant que tu n'as pas eu toi-même tes propres enfants et que ceux-ci ont eux-mêmes à leur tour des enfants. 3. Aide le parent le plus proche parmi ceux qui se reproduisent[19]. »

Ces règles donnent un sens à la régularité des observations et construisent activement des cadres dans lesquels pourront s'interpréter les relations observées. De nombreux exemples ont été rapportés qui montrent que l'aide est généralement corrélée et peut même décroître avec le degré de parenté. Ce sera le cas de nombreux oiseaux « aidants au nid » comme le guêpier à front blanc, l'alcyon pie, les corneilles noires, le moqueur des Galápagos, l'hoazin huppé[20].

Les chiffres ne sont cependant pas toujours clairs et univoques : si les observations du geai bleu de Floride conduisent certains

19. Stephen EMLEN, « White-fronted bee-eaters : helping in a colonially nesting species », *in* Peter STACEY et Walter KOENIG (dir.), *Cooperative Breeding in Birds*, *op. cit.*

20. Voir respectivement : Stephen EMLEN, « White-fronted bee-eaters », *loc. cit.* ; Heinz-Ulrich REYER, « Pied kingfisher ecological causes and reproductive consequences of cooperative breeding ». *in* Peter STACEY et Walter KOENIG (dir.), *Cooperative Breeding in Birds*, *op. cit.* ; Heinz RICHNER, « Helpers at the nest in carrion crows », *Ibis*, 132, 1, 1990 ; R. CURRY et P. GRANT, « Galapagos mockingbirds : territorial cooperative breeding in a climatically variable environment », *in* STACEY et Walter KOENIG (dir.), *Cooperative Breeding in Birds*, *op. cit.* ; S. STRAHL et A. SMITH, « Hoatzins : cooperative breeding in a folivorous neotropical bird », *in* Peter STACEY et Walter KOENIG (dir.), *Cooperative Breeding in Birds*, *op. cit.*

auteurs à penser que l'aide est orientée vers les apparentés[21], d'autres affirment, à propos d'oiseaux de la même espèce, qu'elle n'est pas octroyée en fonction du degré de parenté, mais plutôt apportée au hasard sous l'influence de l'exposition à des stimuli déclencheurs[22] : l'aide s'orienterait alors non pas vers les parents, mais vers les individus spatialement proches.

Ce dernier exemple des geais bleus pose d'abord la question de la fiabilité de la récolte des données. Ensuite, la différence entre la manière dont s'oriente l'aide dans un groupe et la manière dont elle se distribue dans l'autre conduit à se demander ce que recouvre vraiment la sélection de la parentèle. Nous retrouvons ainsi l'une des critiques qui fut adressée à la sociobiologie : l'aide n'est pas orientée vers les apparentés, mais vers ceux qui sont à proximité. Généralement, comme il s'agit d'apparentés, le maintien du comportement serait assuré. Mais certains sociobiologistes eux-mêmes pensent que la meilleure manière de transmettre ses gènes, c'est finalement de s'occuper de ses propres enfants[23]. L'aide ne se fonderait donc pas – et les sociobiologistes les plus souples travaillent sur cette hypothèse – sur des mécanismes de reconnaissance de la parentèle, mais sur des règles spatiales et des critères de proximité. Ceci n'est cependant pas, on l'a vu, l'avis des sociobiologistes comme Emlen[24], ou encore comme Bruce Waldman[25].

21. Ronald MUMME, Walter KOENIG et Francis RATNIEKS, « Helping behaviour, reproductive value, and the future component of indirect fitness », *Animal Behaviour*, 38, 3, 1989, p. 331-343.

22. Glen WOOLFENDEN et John FITZPATRICK, « Florida scrub jays : a synopsis after 18 years of study », *in* Peter STACEY et Walter KOENIG (dir.), *Cooperative Breeding in Birds*, *op. cit.*

23. Il faut rendre justice à la théorie et nuancer cette critique : s'il est vrai que c'est en s'occupant de ses propres enfants qu'un organisme a le plus de chances de transmettre ses gènes, il est également vraisemblable que les aidants au nid sont majoritairemment dans l'impossibilité de se reproduire, que ce soit pour des raisons de hiérarchie ou de saturation de l'habitat.

24. Stephen EMLEN, « White-fronted bee-eaters », *loc. cit.*

25. Bruce WALDMAN, « The ecology of kin recognition », *Annual Review of Ecology, Evolution and Systematics*, 19, 1988, p. 543-571.

Ce dernier consacre, en effet, la majeure partie de ses recherches à séparer des animaux frères à la naissance pour évaluer leurs capacités à se reconnaître une fois réunis, rejouant pour ses lecteurs émus la merveilleuse fiction du grain de beauté des romans les plus poignants du XIXe siècle !

Critiques

Les critiques, qui ont reproché à la sociobiologie son invraisemblance, ont souvent situé au niveau des causes proximales ce que la sociobiologie attribuait au pouvoir des causes ultimes. Lorsque l'on parle de l'origine d'un comportement ou d'une structure, on se réfère généralement à un système explicatif invoquant les causes de ce comportement ou de cette structure. Des deux séries de causes généralement invoquées, l'une se donne pour mission de rendre compte du comment, c'est la série des causes proximales ou mécanismes causals proches, l'autre se donne pour tâche de comprendre le pourquoi de la structure ou du comportement, c'est-à-dire d'en analyser les fonctions en les considérant comme les conditions du maintien du comportement. En ce sens, cette série de causes est appelée *causes ultimes* parce qu'elle explique le maintien du comportement ou de la structure par la fin qu'il ou elle remplit, c'est-à-dire par le fait qu'elle a joué un rôle essentiel pour la survie de ceux qui ont possédé ou qui possèdent ce comportement ou cette structure. En d'autres termes, les causes proximales rendent compte des mécanismes qui vont déclencher le comportement : la motivation de l'individu, les stimuli et stimuli signaux, les causes antécédentes. Les causes ultimes expliquent, quant à elles, les fonctions d'un comportement, c'est-à-dire les raisons de son maintien au cours de l'évolution.

Si l'on dit que l'animal choisit d'aider huit cousins parce qu'ils partagent avec lui un huitième de son bagage génétique variable, ou parce qu'il peut, par son geste, assurer le maintien de ses gènes grâce aux réplicateurs qu'il sauve, on fait une erreur de niveaux explicatifs. Elle consiste à évoquer, au niveau des causes proximales (motivationnelles ou déclenchantes), une explication qui est du ressort des causes ultimes. Cette erreur est, en d'autres termes, celle de la confusion des causes et des conséquences du comportement. Ceci ne peut se concevoir que si l'on comprend que, dans un processus temporel ou historique comme celui de l'évolution, les conséquences jouent, dans un second temps, un rôle de causes, comme dans les modèles homéostatiques. Dès lors qu'un individu oriente son aide vers un apparenté – pour une raison ou une autre, parfois simplement parce qu'il est à proximité –, il permet le maintien des gènes de l'altruisme dans la population. La manière particulière d'orienter l'aide est donc du ressort des causes ultimes. Penser que l'animal fait de savants calculs et des comptes d'apothicaire pour assurer la meilleure duplication de son bagage génétique revient à attribuer aux causes proximales ce qui est du ressort des causes ultimes. La confusion entre causes proximales (l'individu aide l'autre parce qu'il reçoit des stimuli déclencheurs) et les causes ultimes (les individus qui orientent leur aide vers des proches parents permettent le maintien de l'altruisme) a souvent constitué le fondement des critiques adressées à la sociobiologie, les critiques attribuant au niveau proximal ce que les sociobiologistes situaient au niveau ultime. Il arrive même que les sociobiologistes envisagent eux aussi le choix de l'orientation de l'aide en termes de savants calculs (je dois sauver au moins deux frères ou huit cousins…) au niveau des causes proximales motivant le comportement d'aide. Les plus radicaux, comme J. Philippe Rushton ou encore Bruce Waldman, en postulant des mécanismes de reconnaissance de la parentèle, peuvent tomber sous le coup de cette critique[26]. Selon John Maynard Smith, on a trop souvent accordé une place trop importante à la sélection de parentèle en occultant le fait que la cohabitation entre congénères n'est souvent guère plus qu'un *modus vivendi* entre individus concurrents[27].

---

26. Lire par exemple Philippe Rushton, « Genetic similarity, human altruism and group selection », *Behavioral and Brain Sciences*, 12, 1989, p. 503-559.

27. John Maynard Smith, *La Biologie*, *op. cit.*

Un autre argument des critiques fut – et est toujours – la découpe du comportement ou de l'organisme en traits adaptés, génétiquement déterminés, et relativement indépendants les uns des autres lorsqu'ils sont travaillés par l'évolution. Elle a fait l'objet de deux séries de critiques différentes : la première, épistémologique, l'autre, politique.

La critique épistémologique adresse à la sociobiologie deux reproches majeurs : le panglossisme de ses explications et la réification du gène. Le panglossisme est une forme du pan-sélectionnisme[28]. Le concept de pan-sélectionnisme, hyper-adaptationnisme, est issu de la pensée utilitariste poussée à l'extrême : le pan-sélectionnisme est cette tendance à penser que tout ce qui est a été sélectionné l'a été parce qu'il représentait une adaptation. On comprend pourquoi ce pan-sélectionnisme est également qualifié de panglossisme : il évoque de nombreuses analogies avec le héros voltairien dont la doctrine « méta-physico-théologo-cosmolo-nigologique » affirmait que « tout est fait pour une fin ». Dans cette optique, il s'ensuit que tout ce qui est est utile, a une fonction et est adapté.

Quand les critiques dénoncent la réification du gène, ils soulignent une dérive importante : le gène, qui n'est posé au départ de comportements qu'à titre d'hypothèse, acquiert le statut de chose-cause au lieu de celui de facteur présumé. Il passe ainsi du niveau d'inférence au niveau de fait établi[29].

Ce reproche s'inscrit dans une critique plus générale de la réduction du comportement au gène. Celle-ci met en cause la confusion des traits de comportements spécifiques avec les potentialités générales du comportement[30], confusion symptomatique

28. Stephen Jay Gould et Richard Lewontin, « The spandrels of San Marco and the Panglossian paradigm : a critique of the adaptationnist programme », *Proceedings of the Royal Society of London*, B 205, 1979, p. 205-298.

29. Cette dérive rend le gène fort semblable à ce que Latour appelle une boîte noire : un dispositif établissant entre les données qui y entrent et les données qui en sortent une relation dont nul scientifique (à tout le moins parmi ceux qui utilisent ce type de dispositif) ne songerait à contester la définition.

30. Stephen Jay Gould, *Quand les poules auront des dents*, Fayard, Paris, 1984 et *idem*, *Le Pouce du panda*, Grasset, Paris, 1982.

que Gould dénonce comme une conséquence des mauvaises habitudes prises par la pensée scientifique occidentale : l'atomisme, le réductionnisme, le déterminisme.

L'autre série de critiques, d'ordre politique, reproche à la sociobiologie son conservatisme, la légitimation de pratiques racistes et xénophobes, eugénistes, sexistes, etc. La littérature à ce sujet est trop nombreuse pour être citée. Comme la critique de la théorie de la sélection de groupe l'avait déjà suggéré, il faudrait être bien naïf pour penser que le contexte de justification sociale puisse être, de manière directe, traduit à partir de la critique politique. Il faudrait par exemple supposer que la science est le lieu de conspiration de l'extrême droite ou de la lâcheté. Certains critiques l'ont suggéré mais nous ne reprendrons pas cette discussion. Nous pouvons cependant souligner une caractéristique intéressante de ce reproche adressé aux scientifiques de la sociobiologie : le reproche « politique » du complot présente le même symptôme que le raisonnement de la sociobiologie elle-même. Nous venons d'évoquer le fait que l'on critique, d'un point de vue épistémologique, la sociobiologie pour son hyper-adaptationnisme, c'est-à-dire une vision radicalement utilitariste des comportements et organes. Or, affirmer, comme le fait la sociobiologie, que « si c'est là, c'est que c'est utile », c'est prétendre que la fonction actuelle rend compte de l'origine du comportement. L'hyper-adaptationnisme reflète donc une confusion entre la genèse et l'utilité. Les critiques qui envisagent la sociobiologie comme un complot font cette même confusion entre genèse et utilité puisqu'ils s'imaginent que la science s'est construite à partir d'un dessein précis, et que les conséquences ultérieures de son discours ont été, dès son origine, les causes de son élaboration. Le concept d'« exaptation[31] » de

31. Le concept d'exaptation définit la tentative de dépasser le raisonnement utilitariste du type : si Y est utile pour X, alors X est la cause de Y, c'est-à-dire le raisonnement opérant un passage rapide de l'utilité à la cause. Le concept d'exaptation correspond à celui de préadaptation dans le sens où il désigne le fait qu'un organe, une structure ou un comportement s'est développé selon une utilité ancienne, parfois radicalement différente de l'utilité que cette structure ou

S.J. Gould, qui dissocie utilité primaire et utilité secondaire dans la genèse des organes et des comportements, pourrait trouver dans les domaines de la critique externaliste des complexes discursifs[32] un vaste champ d'application.

Sociobiologie et contexte de justification

Au-delà de tous les reproches politiques qu'on peut lui faire, il y a, je pense, un enjeu de la sociobiologie qui doit jouer un rôle important dans son contexte de justification. C'est celui du déterminisme réductionniste. Il joue le jeu d'un confiscateur. Confiscateur de libertés diront certains : là n'est pas à mon sens l'enjeu réel de la confiscation. Il est aussi confiscateur de responsabilités, puisque avec le déterminisme génétique la mauvaise foi au sens sartrien (ce n'est pas moi, ce sont mes gènes) trouve un fondement naturaliste[33]. Mais ce n'est pas encore là la vraie source du problème quoique cette confiscation des responsabilités en soit le corollaire. La vraie confiscation est celle des compétences : attribuer à des causes inaccessibles à d'autres qu'aux techniciens notre

---

ce comportement peut avoir aujourd'hui. Il se peut même qu'il se soit développé non pas en raison de sa propre utilité, mais parce qu'il constituait un caractère latéral *(side effect)* d'une structure utile.

32. Comme les appelle Patrick Tort en désignant l'articulation singulière entre discours scientifique et idéologique : Patrick Tort, « L'effet réversif de l'évolution », *in idem*, (dir.), *Darwinisme et société*, *op. cit.*

33. Une vision qui laisse aux gènes une bonne part de responsabilité dans le comportement, et qui réduit les libertés à l'espace le plus restreint (comme le font les sociobiologistes qui ont donné de ce champ du savoir une image à la fois médiatique et caricaturale) me semble rejoindre une ontologie selon laquelle l'essence précède l'existence. Clairement, attribuer aux gènes la détermination de certaines caractéristiques encourage la « mauvaise foi » puisque, au lieu d'assumer la liberté du devenir – je suis un lâche parce que j'agis lâchement : je suis ce que je (me) fais, on inverse l'ordre des causes – j'agis lâchement parce que je suis un lâche : je fais ce que je suis. C'est en ce sens que le déterminisme génétique poussé à l'extrême est à la fois extrêmement déculpabilisant et déresponsabilisant : je ne suis pas alcoolique parce que je bois, mes gènes font de moi un alcoolique, alors je bois.

comportement social à la fois le plus privé et le plus relationnel, c'est retirer de l'espace relationnel et de ses ressources le soin et la gestion de tout ce qui pourrait arriver à ce comportement social. C'est là, à mon sens, que réside le vrai danger du déterminisme réductionniste : il confisque, au profit de techniciens, les compétences sociales de tout un chacun de participer à l'intimité de la souffrance et aux difficultés de la vie relationnelle de l'autre. La sociobiologie, en tant que discours qui justifie l'attribution des compétences à certains et légitime la déresponsabilisation des autres, a pu trouver dans les pays occidentaux – et plus particulièrement aux États-Unis – une terre d'élection.

La sociobiologie provoqua une levée de boucliers. C'est là que se trouvent les indices de notre contexte de justification. Ce qui assura un tel succès à la sociobiologie fut son extraordinaire force mobilisatrice. Peu de livres aussi virulents ont été écrits contre une théorie – qui, il est vrai, déborde souvent largement du cadre que les faits lui avaient fixé, pour se lancer dans des spéculations fort audacieuses, et dont certains défenseurs, comme les sociobiologistes Barash ou Rushton, mettent un zèle particulier à proférer des phrases du style « la nature est sexiste », etc.

Cette force mobilisatrice fait de la sociobiologie le lieu parfait de la dénonciation. Si l'on se penche sur les textes écrits à la sortie du livre *L'Humaine Nature* de Wilson, on se rend compte que la sociobiologie a constitué non seulement le lieu d'une dénonciation en quête d'objets, mais également l'occasion d'une expression clarificatrice des positions idéologiques. La sociobiologie semblait tirer sa force mobilisatrice dans les deux camps de ses détracteurs et de ses partisans : elle apportait un message politique détestable, et clairement détestable pour certains, et leur offrait donc le lieu de la dénonciation. Mais elle apportait aussi à d'autres un discours qui compensait ce qui était en train de se perdre : la sociobiologie a émergé à un moment où la crise naissante refoulait les illusions créées par plusieurs décennies d'expansion. Elle paraissait donner, à point nommé, la justification de contraintes indépassables : *Le Monde diplomatique* choisit ainsi un titre révélateur :

« Une "science" à l'heure de l'austérité[34] ». Les valeurs de la famille semblaient elles-mêmes être soutenues de manière efficace par ce redéploiement du naturalisme ou, comme le dit Michel Maffesoli, de « cette effervescence du vitalisme social[35] ».

Il ne s'agit pas de couper l'herbe sous le pied à toute critique externaliste en affirmant que la sociobiologie devait son succès à ses détracteurs plutôt qu'à ses partisans. Il ne s'agit pas non plus de nier la pertinence d'une analyse qui présente la crise des valeurs ou la crise tout court comme un contexte propice à son accueil. Il s'agit simplement de relativiser cet accueil en prenant en compte à la fois la force mobilisatrice de la théorie qui le suscite et sa capacité de déclencher les passions. Les choses semblent s'être calmées depuis quelques années et au débat politique s'est substitué un débat épistémologique – ce qui n'empêche pas Rushton et d'autres de continuer à écrire et à publier des bêtises consternantes.

Revenons-en aux critiques épistémologiques. L'une d'entre elles, plutôt que de remettre le modèle en question, lui imposa ses limites. Souvenons-nous du geai bleu étudié par Woolfenden et Fitzpatrick : s'il n'aide pas ses apparentés, comment l'aide peut-elle se maintenir ? Il fallait un paradigme explicatif alternatif qui puisse rendre compte de ce genre de faits. Assez étonnamment, ce ne fut ni sur le terrain ni sous les microscopes traquant les séquences d'ADN que ce paradigme se constitua, mais dans les lieux apparaissant *a priori* comme les plus éloignés de la démarche empirique : les ordinateurs des laboratoires de simulation. Un outil, issu de la théorie des jeux évolutionnaires, permit de montrer – et même de démontrer puisque c'est un outil mathématique – que, dans certaines circonstances, la sélection naturelle peut favoriser un système d'altruisme réciproque et le maintenir de façon stable

34. Cité par Michel Veuille, *La Sociobiologie*, PUF, Paris, coll. « Que sais-je ? », 1986.

35. Michel Maffesoli, « Une forme d'agrégation tribale », *in Faits divers. Annales des passions excessives*, Autrement, Paris, 1993.

dans la population. L'altruisme devenait donc une stratégie définie comme ESS, ou stratégie stable du point de vue de l'évolution. Ce modèle donna naissance à la théorie du *tit for tat* ou de la réciprocité[36]. Les observations de certains chercheurs sont venues confirmer sa valeur prédictive. Le monde réel semblait se conformer à ce que le monde virtuel informatique avait créé : les animaux altruistes paraissaient bel et bien utiliser des stratégies basées sur la réciprocité. Ce sont celles-ci qui permettent à la solidarité de se maintenir.

La théorie de la réciprocité

Chez le moqueur des Galápagos, une partie des oiseaux oriente son aide vers les proches parents alors qu'une autre semble ne pas le faire. Ces derniers aident préférentiellement les couples dont un des membres les a nourris autrefois comme aidant au nid, lorsqu'ils étaient oisillons[37]. Chez le troglodyte rayé, un aidant qui réunit les conditions pour se reproduire recevra de l'aide de ceux qu'il a gardés ou nourris[38]. Chez le guêpier à front blanc et le geai du Mexique, les oiseaux alternent les rôles de parent et d'aidant et se trouvent donc dans un système d'échange d'aide[39].

Le couple d'éthologistes J. et S. Ligon a observé que, chez l'irisor d'Afrique, les parents autorisent généralement les enfants arrivés à maturité à rester au nid. Ceux-ci joueront le rôle de l'aidant pour les nichées ultérieures[40]. Dès qu'un territoire se

36. Robert Trivers, « The evolution of reciprocal altruism », *The Quaterly Review of Biology*, 46, 1971, p. 45-47.

37. R. Curry et P. Grant, « Galapagos mockingbirds », *loc. cit.*

38. K. Rabenld, « Campylorhynchus wrens : the ecology of delayed dispersal and cooperation in Venezuelan savana », *in* Peter Stacey et Walter Koenig (dir.), *Cooperative Breeding in Birds*, *op. cit.*

39. Pour le guêpier, voir Stephen Emlen, « Cooperative breeding in birds and mammals », *loc. cit.* Pour le geai du Mexique, J. Brown et E. Brown, « Mexican jays : uncooperative breeding », *in* Peter Stacey et Walter Koenig (dir.), *Cooperative Breeding in Birds*, *op. cit.*

40. J. et S. Ligon, « Green woodhoopoes : life history traits and sociality », *in* Peter Stacey et Walter Koenig (dir.), *Cooperative Breeding in Birds*, *op. cit.*

libère, l'un d'eux pourra y emménager avec l'aide des jeunes qu'il a contribué à élever et qui s'installeront avec lui.

Les chauves-souris vampires pratiquent régulièrement l'échange de nourriture sur le mode de la réciprocité[41] : le fait de réussir à se nourrir quotidiennement n'est pas dépendant des compétences individuelles, mais repose véritablement sur la chance. Si une chauve-souris malchanceuse se trouve en danger, elle bénéficiera du partage qu'une de ses compagnes accomplira en régurgitant un peu de son repas. Ultérieurement, elle pourra à son tour rendre ce qui lui a été donné. Il semblerait que, dans ce cas, la réciprocité est assurée par des mécanismes sociaux qui pénalisent les tricheurs en les excluant du réseau social.

Ce modèle fut néanmoins remis en question sur base de données empiriques : les mécanismes de pénalisation et d'exclusion nécessaires à la stabilité du système semblent le plus souvent absents – à tout le moins invisibles aux yeux des chercheurs. Si tel est le cas, le paradoxe reste ouvert aux hypothèses.

La théorie du handicap de Zahavi – élaborée au départ de l'observation de l'altruisme chez les cratéropes – se propose de mettre un terme à ce paradoxe. Cependant, son ambition ne se limite pas à cela. Il existe en effet un autre grand paradoxe de la sélection naturelle : l'« extravagance » des signaux de la sélection sexuelle.

C'est ici que réside à la fois la grande originalité et la richesse de la théorie du handicap : avec exactement les mêmes hypothèses, elle ambitionne de résoudre en même temps le second paradoxe et le premier ; elle considère que l'altruisme et l'extravagance des signaux utilisés dans la quête du partenaire ne sont finalement que les deux facettes d'un même problème. Avant d'en arriver là, étudions brièvement cette seconde facette : quelle est la fonction de ces plumes, de ces couleurs, de ces ornements assez

41. G. Wilkinson, « Reciprocal food-sharing in the vampire bat », *Nature*, 308, 1984, p. 181-184. *Idem*, « Reciprocal altruism in bats and other mammals », *Ethology and Sociobiology*, 9, 1988, p. 85-100.

encombrants ? Comment peuvent-ils être un moyen d'intimider les rivaux en même temps qu'un attrait aux yeux des femelles ? Ce sont les questions que tentent de résoudre ce que l'on a appelé, à la suite de Darwin, les théories de la sélection sexuelle.

La sélection sexuelle

L'extravagance des plumes du faisan argus[42], de la roue du paon, des bois de l'élan d'Irlande[43] a donné aux théories de la sélection sexuelle autant de fil à retordre que ce qu'ont pu apporter aux théories de la sélection naturelle les comportements extravagants des altruistes. En 1871, Darwin émit l'hypothèse d'une pression sélective différente de celle de la sélection naturelle[44] : la sélection sexuelle. Cette pression sélective opère à deux niveaux : celui des causes proximales avec l'hypothèse du « bon goût » des femelles dans le choix de beaux mâles, et celui des causes ultimes par lesquelles ces qualités privilégiées par les femelles vont se répandre dans la population puisque les mâles qui les possèdent ont plus de chance de se reproduire. L'arbitraire et l'extravagance de certaines de ces caractéristiques et le gaspillage qu'elles impliquent – elles augmentent les risques face à la prédation, supposent une dépense d'énergie et peuvent constituer un réel fardeau pour celui qui en est porteur – ne préoccupaient cependant pas Darwin.

Ce dernier n'est pas un hyper-adaptationniste : il est même parfois amené à chercher les imperfections plutôt que les adaptations car elles représentent pour lui un double intérêt : du point de vue méthodologique, elles lui permettent de mettre en évidence le caractère graduel du processus évolutif ; d'un point de vue idéologique, les imperfections sont aussi l'occasion de supprimer de son système explicatif le

42. Konrad LORENZ, *L'Agression*, *op. cit.*

43. Stephen Jay GOULD, *Darwin et les grandes énigmes de la vie*, Pygmalion, Paris, 1979.

44. Charles DARWIN, *La Descendance de l'homme*, trad. C. Barbier, Complexe, Bruxelles, 1981.

rôle du Grand Architecte. On se souviendra de son texte justifiant les comportements du coucou ou de l'ichneumon. L'adaptation parfaite étant l'argument majeur des utilitaristes-créationnistes pour prouver l'existence d'un plan divin, Darwin, dans son souci de se débarrasser de ces desseins encombrants, va parfois focaliser son attention sur les imperfections au détriment des adaptations[45].

L'interprétation de l'arbitraire des caractères sexuels secondaires tel que Darwin l'a conçu sera reprise en 1915 par Ronald Fisher et influencera fortement les théories ultérieures : les caractéristiques se maintiennent parce qu'elles vont se répandre dans la population selon un processus d'autorenforcement. La caractéristique assure à la femelle que ses propres fils seront choisis à leur tour s'ils en héritent. La qualité recherchée est donc renforcée par le choix des femelles et perd, de ce fait, de son caractère arbitraire.

En 1889, Alfred Russel Wallace proposa une hypothèse alternative à celle du « bon goût » des femelles[46] : ce qu'on peut appeler la théorie du « bon sens » des femelles. Selon lui, beauté et qualité tendent à coïncider : la femelle ne choisit pas le mâle pour ses ornements, mais pour les qualités sensibles qui les accompagnent et qui constituent l'indication externe privilégiée de la maturité et de la vigueur. Les arrangements de couleurs sont les conséquences de phénomènes physiologiques. Ils coïncident d'ailleurs généralement avec les structures et changent là où les fonctions changent, mettant ainsi ces structures en évidence. Ce sont donc des raisons logiques et non pas esthétiques qui déterminent l'attirance des femelles pour ces qualités. Dans la même lignée, de nombreuses théories ont, au cours de ces dernières décennies, tenté de comprendre les liens entre les extravagances de certaines caractéristiques des mâles et ce qui prédispose les femelles à les choisir[47].

45. L'exemple de l'œil est à cet égard frappant : grâce aux découvertes d'Helmoltz, il peut affirmer, en 1871, que si un opticien lui avait vendu un instrument fait avec si peu de soin, il aurait jugé tout à fait légitime de le lui rapporter.

46. Alfred Russell Wallace, *Darwinism*, Mac Millan, Londres, 1889.

47. On peut penser que certains éléments ont pu favoriser ce regain d'intérêt pour le comportement de choix des femelles : selon Maynard Smith (Helena

Mais peut-on encore dire que l'extravagance est un paradoxe ? Darwin et Wallace ne donnent pas l'impression qu'elle leur pose un tel problème et lui offrent chacun la solution qui semble répondre définitivement à la question. Comment en est-on venu à insister sur l'aspect paradoxal de l'extravagance des caractères de la sélection intraspécifique ?

L'extravagance et la morale de l'histoire naturelle

On peut faire l'hypothèse que le fait de définir certains caractères comme extravagants correspond à une certaine vision de la nature selon laquelle tout ce qui est a de bonnes raisons d'être. L'extravagance tout comme le caractère arbitraire contredit l'adaptation particulière de chaque élément au système tout entier. Ceci

---

CRONIN, *The Ant and the Peacock*, *op. cit.*) cela ne serait pas étranger à la virulence des mouvements féministes américains. Notons, en passant, ce paradoxe amusant – qui cessera peut-être de l'être (paradoxal et amusant) si on l'analyse jusqu'au bout : ces recherches sur le choix des femelles aboutissent, dans leur conclusion logique, *à retirer de ces choix l'idée même de choix.* Si on y réfléchit, on se rend compte que c'est à la notion d'un « choix » totalement déterminé par la nécessité que ces théories veulent conduire. Ce qu'elles recherchent, c'est la loi générale qui préside à cette nécessité. Or, un choix déterminé par la nécessité – et, ici, « déterminé par la nécessité » réfère au terme déterminé dans son sens le plus étroit – n'a vraiment rien d'un choix, au contraire, et même doublement, puisque chacun des termes « déterminé » et « nécessité » sont en totale contradiction avec l'idée de liberté du choix. La volonté de la femelle n'est plus qu'un pur produit de l'évolution, déterminée qu'elle est à engendrer d'autres produits de l'évolution.

Dans une autre perspective tenant à la fois de la sociologie des sciences et de l'anthropologie (qui n'est pas incompatible avec les hypothèses évoquées plus haut), on pourrait penser à ce qui s'est passé pour le « mensonge » et la tromperie chez l'animal. Les recherches ont assez brutalement changé d'objet : au lieu de l'altruisme, beaucoup de chercheurs se sont mis à étudier le comportement de *deceit* (ou mensonge) chez les animaux. Outre les phénomènes de saturation du domaine ou encore de stratégies de recherche, on peut penser que les problèmes du mensonge offrent un terrain privilégié pour les cognitivistes et les théoriciens de la conscience et de l'intentionnalité chez l'animal (voir John S. KENNEDY, *The New Anthropomorphism*, Cambridge University Press, Cambridge, 1992). Les problèmes du choix n'auraient-ils pas aussi ouvert la voie à une vision plus « psychologisante » de l'éthologie ?

correspondrait à notre double tendance, à notre double croyance : d'abord, celle qui consiste à penser que les choses doivent être liées par une signification particulière. Ainsi, les grandes plumes doivent signifier quelque chose – ne pas être « gratuites » – et ne doivent pas être, si possible, comme certains auteurs le suggèrent, une simple conséquence latérale de la croissance du corps tout entier.

L'autre croyance nous fait construire les principes guidant la nature comme s'ils étaient moraux : bien que généreuse, cette nature doit être économe. Elle est sage, donc ni excentrique ni dépensière. Le panglossisme se constitue d'une série d'histoires dont la morale rejoint nos jugements naturels : pensons à notre amour des histoires qui finissent bien, pensons aussi à ce que Roland Barthes nous enseigne de nos mythologies lorsqu'il décrit, comme une mise en scène, le combat de catch au cours duquel une injustice criante va, de manière spectaculaire, être réparée[48]. Pensons encore à cette croyance en la justice du monde que résume cet adage connu « chacun a ce qu'il mérite et n'a que ce qu'il mérite[49] ». La loi du plus fort, peut-être plus particulièrement dans sa variante intellectuelle dont « David et Goliath » constitue le paradigme – la loi du plus fort devenant ici la loi du plus « malin » –, est finalement une loi morale qui structure nos univers mentaux et moraux.

Dans cette perspective, l'extravagance doit soit avoir un sens, soit être irrévocablement contre-sélectionnée. La fiction morale se traduit par le fait que l'extravagance a une fonction adaptative, une bonne raison d'avoir été sélectionnée (une excuse pour être encore parmi nous). La justification en termes adaptatifs serait alors une rationalisation de nos mythologies.

Gould illustre à merveille notre tendance à faire de l'histoire naturelle une histoire morale : l'élan d'Irlande, disparu depuis

---

48. Roland Barthes, *Mythologies*, Seuil, Paris, 1957.

49. Melvin Lerner cité par Jean-Pierre Deconchy, « Systèmes de croyance et représentations idéologiques », *in* Serge Moscovici (dir.), *Psychologie sociale*, PUF, Paris, 1984.

près de 10 000 ans, possédait des bois d'une taille impressionnante. L'histoire de son extinction – au même titre que celle des dinosaures – donne lieu à des fictions morales qui semblent bannir l'extravagance si contraire à la sagesse de la nature : les histoires traditionnelles rapportent, par exemple, que ce qui, au départ, devait constituer un avantage connut une croissance telle que les bois sont devenus un fardeau mortel : « Tel l'apprenti sorcier, le cerf géant comprit que les meilleures choses ont une fin. Ployant sous le fardeau de leurs excroissances crâniennes, empêtrés dans les arbres, noyés dans les marais, tous moururent[50]. » Le cerf a donc – comme le dinosaure ou les marsupiaux du Nouveau Monde – commis une « faute ». L'extravagance, comme son nom l'indique, est une erreur ou encore, selon Lorenz, à propos du faisan argus, un « produit stupide de la sélection intra-espèce ».

La question de l'extravagance prend un sens différent selon que l'on considère les bois de l'élan – tout comme les ramures du cerf – dans le cadre de la sélection naturelle où ils jouent le rôle d'une arme de combat, ou dans le cadre de la sélection sexuelle où ils reçoivent le rôle d'ornement attrayant.

Pour les darwiniens du XIXe siècle, le succès de l'individu se mesure principalement au nombre de batailles gagnées et d'ennemis détruits : dans ce cadre, les bois sont une arme redoutable contre les prédateurs et les rivaux. Dans *La Descendance de l'homme*, Darwin pose toutefois l'hypothèse que les ramures pouvaient avoir pour fonction d'attirer les femelles. Ne parvenant pas à l'étayer, il en revient à l'explication de l'arme utile dans le *struggle for life*.

Avec l'émergence de l'intérêt pour les comportements sociaux et surtout pro-sociaux dans les années 1970, de nouvelles explications, comme celles de Lorenz, prennent le pas sur les anciennes[51] : les bois sont des symboles visuels de domination, qui vont, lors des

50. Stephen Jay Gould, *Darwin et les grandes énigmes de la vie*, *op. cit.*, notamment ; voir aussi *idem*, *La vie est belle*, Seuil, Paris, 1991.

51. Konrad Lorenz, *L'Agression*, *op. cit.*

rituels, impressionner les mâles rivaux et éviter les combats directs. Cette solution ne lève cependant pas le mystère du paradoxe de l'extravagance : si les contacts physiques sont évités, quelles sont les raisons d'être favorisé par de grands bois ? Et quelles raisons aurait un animal de se laisser ainsi impressionner ? Et pourquoi les femelles se laisseraient-elles impressionner par les ramures imposantes, à moins de leur supposer, comme le fit Darwin, un certain attrait pour la beauté ? Comment, en définitive, un même ornement peut-il être un caractère sexuellement attrayant, et donc un fardeau – et aller à l'encontre de la sélection naturelle –, et constituer en même temps une structure efficace dans le cadre de cette même sélection naturelle – comme arme contre les prédateurs et rivaux ?

Cadres théoriques nouveaux

Ces questions vont bénéficier des nouvelles orientations des éthologistes et de nouveaux cadres théoriques : à une vision de l'adaptation en termes de bénéfices (issue de la tradition utilitariste dont l'hyper-adaptationnisme – ou panglossisme selon ses détracteurs – est l'héritier) se substituent des hypothèses en termes de coût.

Ce changement de terminologie n'a pas pour autant unifié les paradigmes de ces théories. Elles se distribuent sur deux grands axes théoriques selon qu'elles sont adaptationnistes ou qu'elles envisagent l'action de phénomènes contingents et fortuits, d'effets latéraux ou encore de mutations qui ne soient ni bénéfiques ni nocives. Les théories adaptationnistes – dont la théorie de Zahavi et la sociobiologie – donnent elles-mêmes lieu à deux traditions historiques divergentes dans l'explication de l'évolution des comportements sociaux : d'une part, un pan-sélectionnisme que je qualifierais de statique (comme celui de Zahavi), d'autre part, le modèle dit de la « course aux armements ».

Pour les tenants de l'évolution selon le modèle de la « course aux armements », les animaux sont sans cesse confrontés à de nouveaux problèmes et doivent y répondre par de nouvelles stratégies. Il y a toujours un décalage entre le problème et sa réponse. Ce point de vue est clairement explicité par la théorie du parasitage de Hamilton, l'animal parasité étant toujours, selon les termes de Dawkins, « en retard d'une guerre[52] » sur le parasite : à chaque stratégie défensive du parasité correspond rapidement une contre-offensive de l'animal parasitant. Cette théorie peut s'appliquer aussi bien à la myxomatose qu'aux manipulations du coucou. Un autre exemple se trouve chez Krebs et Dawkins avec les théories des « manipulateurs » et « lecteurs de pensée », et dans les théories plus générales du mensonge dans le monde animal : les dupes vont à un moment donné développer des stratégies qui leur permettent de déceler le mensonge ou le leurre (ils deviennent « lecteurs de pensée »), ce qui va mener, en retour, les « menteurs » à affiner leurs propres stratégies de manipulation. Ce qui conduit les « dupes » dans la position d'avoir toujours, en quelque sorte, une « bataille à rattraper ».

Cette vision dynamique de « la course aux armements » nous rend témoins et acteurs de l'histoire de l'évolution : elle n'est plus l'histoire fictionnelle d'un passé révolu au terme duquel tout a déjà été fait et dont nous ne serions que les héritiers passifs, mais se transforme en une histoire dynamique en plein déroulement. Si cette vision dynamique exprime de manière implicite et surtout optimiste la croyance en un progrès constant, elle se fonde paradoxalement sur une vision sinistre et pessimiste de la sélection naturelle. Elle est décrite comme une lutte incessante entre rivaux, en termes de stratégies destinées à exploiter l'autre de toutes les manières possibles.

Il faut peut-être prêter attention au moment particulier de cette renaissance d'une vision hobbesienne du monde : elle se fait simultanément à un regain d'intérêt réciproque entre les modèles biologiques et les modèles économiques, « comme la dernière fois » (c'est-à-dire comme à l'époque de Spencer où

52. Patrick Tort, « L'effet réversif de l'évolution », *loc. cit.*

la vision hobbesienne du monde faisait la quasi-unanimité des darwiniens occidentaux). Il se pourrait que ce ne soit pas une coïncidence et que les modèles économiques aient une certaine influence dans les domaines qui empruntent leurs outils et leurs concepts. Les modèles économiques ont généralement tendance, en période de crise, à produire un discours libéral vantant les mérites de la concurrence, ce qui aurait un effet en retour sur les modèles biologiques avec lesquels ils sont intimement liés[53]. Cette analyse s'inscrit dans la lignée ouverte par certains épistémologues français – dont Patrick Tort, élève de Gaston Bachelard, Georges Canguilhem et Michel Foucault –, qui se sont attachés, dans les années 1980, à montrer que ce genre d'influences du sociopolitique sur le darwinisme pouvait générer certains cadres théoriques. Ces auteurs mettent ainsi en évidence ce que Michael Löwy a appelé les « affinités électives[54] » qui se créent entre le darwinisme social de Spencer et le libéralisme triomphant de l'Angleterre de la fin du XIXe siècle[55] et qui marquent encore actuellement notre manière de lire Darwin[56]. Mais, à cette lecture sociopolitique – du reste passionnante et, à l'occasion, je ne manque pas d'y faire référence –, il est préférable, dans le contexte des théories qui nous sont contemporaines, d'envisager une lecture en termes d'affinités avec nos croyances. Comme l'élève qui, le nez sur le tableau ne voit ni les phrases ni les fautes, l'analyse des enjeux d'une théorie contemporaine demande souvent, pour être clairement comprise, que se crée un espace temporel intermédiaire qui permette de parler de ces enjeux au passé.

---

53. Michel Herland et Michel Gutsatz, « Sélection/concurrence. Gènes et capital : même combat », *in* Isabelle Stengers (dir.), *D'une science à l'autre. Les concepts nomades*, Seuil, Paris, 1987.

54. Michael Löwy, « L'affinité élective entre le social-darwinisme et le libéralisme. L'exemple des États-Unis à la fin du XIXe siècle », *in* Patrick Tort (dir.), *Darwinisme et société*, *op. cit.*

55. Gérard Molina, « Le savant et ses interprètes », *in* Patrick Tort (dir.), *Darwinisme et société*, *op. cit.*

56. Patrick Tort, « L'effet réversif de l'évolution », *loc. cit.*

Un monde hobbesien cependant moral

Souvenons-nous que l'une des croyances les plus affectivement colorées qui ordonnent notre répertoire de fictions d'histoire naturelle semble être la croyance en l'ordre moral du monde. Le monde cruel des darwiniens du XIXe siècle se réduit en définitive à un monde moral puisqu'il y règne une loi éminemment morale : celle du mérite et de la justice. Dans ces fictions naturelles, la lutte pour la survie – amorale dans ses formes particulières – obéit donc à une loi morale qui préside à son déroulement général. Grâce à elle, se met en place un progrès purificateur : la vie va toujours plus loin et plus haut grâce à une bataille impitoyable et à l'élimination des perdants, l'extinction formant l'expression la plus achevée de l'inadaptation. Quand la nature n'est pas sage, la justice intervient, comme elle le faisait dans le monde d'Anaximandre : les dinosaures deviennent trop gros, les bois de l'élan trop massifs. Se dessine alors la morale d'une histoire que tout le monde connaît : « Il a vu trop grand. »

Comme dans les mythes, de nombreux niveaux coexistent dans ces grandes fictions morales, depuis le niveau des représentations très affectives de la croyance en la justice du monde jusqu'aux représentations issues des visions chrétiennes de la Nature pour lesquelles le mal n'est présent que pour assurer un meilleur bien. À un autre niveau, les croyances seront soutenues par la morale de nos épistémologies : il y a les « bonnes causes » comme il y a les « bonnes raisons ». Distinction importante en médecine, puisqu'elle y fonde, comme le remarque Isabelle Stengers, la démarche expérimentale qui sépare les vraies causes des apparences anecdotiques, et le médecin du charlatan[57]. Cette distinction se rencontre souvent dans les sciences qui racontent des histoires : il faut de bonnes raisons dans la nature, pas trop de hasard ou de causes fortuites qui ne seraient pas à la mesure de leurs effets.

Cette idée d'une morale qui guide le cours naturel de l'histoire se retrouve dans de petits incidents qui émaillent les théories et

57. Isabelle Stengers, *L'Invention des sciences modernes*, *op. cit.*, p. 33.

jouent un rôle non négligeable dans le contexte de justification : le terme « sélection » de Darwin fut traduit en français par Clémence Royer par « élection ». Ce qui, cela n'échappera à personne, a dû entrer en résonance avec l'idéologie sociopolitique libérale, avec le protestantisme, et avec les idées véhiculées par les théodicées naturelles.

L'élection est aussi une cause morale à deux niveaux : d'abord, elle suppose l'idée d'une justice immanente (et l'on peut penser que cette idée devait être consolatrice de la blessure narcissique qui venait d'être infligée à l'homme) ; ensuite, elle raffermit au niveau épistémologique les liens entre cause et effet en amplifiant la loi causale : c'est être encore plus cause d'un effet quand cette cause se double d'une intentionnalité (le terme élection recouvre bien l'idée d'un choix).

Les théories explicatives du monde vont ainsi le plus souvent mettre en œuvre une rationalité particulière et obéir à certaines lois du genre. L'une d'entre elles sera la présence de plusieurs niveaux de mise en scène et de symbolisation dans la fiction. Chacun de ces niveaux raconte la même histoire, mais à un degré d'abstraction différent : un révèle la fiction, l'histoire que l'on raconte, l'épopée ; un autre décrit notre théorie de la connaissance, un autre encore relate la morale et un autre, enfin, rend manifeste l'ontologie qui fonde notre vision de la nature et de ses habitants. Les théories explicatives et scientifiques du monde renouent avec la rationalité mythique décrite par Michel Tournier dans *Le Vent Paraclet*, et construisent ainsi des histoires en édifices dont chaque étage reprend le même récit avec un système de symbolisation différent[58]. La particularité de l'histoire naturelle, telle que nous l'avons vue se raconter ici, sera l'effacement de la distinction entre les deux niveaux qui semblent lui imprimer sa force : les niveaux épistémologique et moral apparaissent devenir progressivement indissociables lorsque nos croyances épistémologiques semblent suivre les règles édictées par nos croyances morales. Lois causales

58. Michel Tournier, *Le Vent Paraclet*, Gallimard, Paris, 1977.

et lois morales racontent non seulement la même histoire, mais les premières paraissent, en dernier ressort, obéir aux secondes.

Limites aux contextes de justification

Pourrait-on déduire de tout cela que les affinités entre une morale et une théorie ou encore entre un contexte sociopolitique et une théorie puissent ainsi expliquer le deuxième terme par le premier, en épuiser les enjeux, les sens ou les significations ? Je propose que nous envisagions les limites de cette analyse et que nous en passions par la démonstration. L'exemple de Kropotkine constitue, à cet égard, une excellente illustration, puisque sa théorie mêle de façon inextricable une pensée morale, une pensée politique et une pensée naturaliste.

La théorie zoologique de Kropotkine est généralement envisagée comme une conséquence plus ou moins directe de sa pensée politique et morale[59], et de l'utopie qu'il entendait créer et légitimer[60]. Kropotkine réfute les théories malthusiennes et tente de montrer que les animaux utilisent d'autres stratégies que celles d'une intense concurrence vitale pour régler les problèmes de répartition des ressources. Il rassemble une masse impressionnante d'observations plaidant en faveur de l'existence et de la prévalence des comportements de solidarité dans la nature. Les animaux, dit Kropotkine, ont au moins deux bonnes raisons de ne pas obéir à la loi de la lutte pour l'existence (au sens restreint) : d'abord, ils sont très rarement confrontés à la pénurie de ressources et, lorsqu'ils le sont, ils mettent en œuvre des stratégies migratoires, qui sont elles-mêmes un facteur d'évolution. Ensuite, et c'est la seconde raison, les groupes qui ont préféré l'aide mutuelle à la compétition ont de meilleure chances de survie et sont donc favorisés par la sélection. Kropotkine présente ses observations avec un étonnant mélange d'arguments anthropo-

59. Pierre Kropotkine, *L'Entr'aide, un facteur de l'évolution*, *op. cit.*, p. 49

60. Voir les analyses de Michele Acanforra, Antonello La Vergata et Michael Löwy, *in* Patrick Tort (dir.), *Darwinisme et société*, *op. cit.*

morphiques et techniques. Les premiers nous font sourire : il affirme qu'il n'y a aucune concurrence entre le lapin et le lièvre – argument de la concurrence par ailleurs trop souvent invoqué à tort –, les conflits entre eux ne sont dus qu'à des questions de caractère. Le lièvre « passionné et éminemment individualiste, ne peut se lier d'amitié avec cette créature placide, tranquille et soumise qu'est le lapin ». Les seconds semblent préfigurer, quelque soixante ans plus tôt, les arguments de Wynne-Edwards : lorsque, par exemple, un groupe de castors devient trop important, pour prévenir les risques liés à la surpopulation, le groupe se sépare en deux et une partie remonte la rivière tandis que l'autre la descend.

Plusieurs auteurs ont montré les liens entre le contexte politique et son discours scientifique et comment Kropotkine n'observait dans la nature que les phénomènes qui corroboraient son hypothèse et son utopie. Les affinités électives qui s'étaient créées entre Spencer et le libéralisme avaient imposé la vision d'une nature malthusienne et compétitive ; celles établies entre Kropotkine et l'idéal anarchiste affectaient la récolte des données du terrain et effaçaient jusqu'à l'existence même du conflit autour des territoires et des ressources.

On peut ainsi, dans l'histoire de l'éthologie, recenser un bon nombre de phénomènes semblables : Clarence Carpenter décrit les singes hurleurs comme une communauté pacifique et égalitaire ; trente ans plus tard, en introduction à ses nouvelles observations, il les décrit comme compétitifs et fortement hiérarchisés. Deux éthologistes relatant le parcours zigzaguant de deux fourmis tenant entre elles une proie vont les décrire, le premier, comme tirant chacune de son côté, et le second comme portant coopérativement une proie qu'elles vont se partager…

Le contexte de justification permettrait de comprendre l'un et l'autre de ces moments de l'interprétation, ou du moins d'en amorcer l'analyse dans une perspective constructiviste. Mais, dans cette analyse, un acteur manque : il s'est effacé en cours de route parce que la critique se passe généralement bien de lui. Cet acteur, c'est le terrain, la matière brute, les faits.

S'il est vrai qu'ils n'existent, comme le soulignent les constructivistes, qu'à titre de représentations, il ne peut néanmoins y avoir de représentations sans un terrain représenté. À force de séparer les fonctions, aux scientifiques le terrain, aux critiques les représentations, on aboutit à une rupture entre celui qui parle et ce qui est parlé, entre la parole et ce dont on parle[61].

Daniel Todes fait, à propos de Kropotkine, cette remarque cruciale[62] : n'oublions pas que Kropotkine est russe. Ce qui ne se résume pas à une identité nationale, politique ou sociale. Il tire son expérience de zoologiste de sa terre natale. C'est un terrain très particulier par rapport à celui dont Darwin tira ses premières observations : la Russie est une terre sous-peuplée au regard des potentialités agricoles. La lutte pour les ressources ne devait donc pas y prendre les mêmes formes qu'en Angleterre. La différence de nature devait permettre à Kropotkine de récolter des données différentes, qui ne répondaient effectivement pas à la loi malthusienne, et des observations de comportements adaptés à une écologie différente. Mais ce n'est pas là la seule différence : Kropotkine a voyagé, et la différence entre sa terre natale et celle de Darwin et Wallace – même si leurs observations ont principalement eu lieu sous les tropiques, le modèle de nature qui les a imprégnés est un monde surpeuplé – le rend attentif à l'influence du terrain sur la théorie qui se veut rendre compte de tous les comportements.

Les fictions morales qui activent nos façons de reconstruire le monde constituent donc des styles narratifs particuliers, et il est utile de les considérer comme tels, mais dont les objets sont eux-mêmes des acteurs à part entière – et non de simples figurants, dont le rôle secondaire nous autoriserait à raconter l'intrigue sans eux.

---

61. Un changement s'amorce depuis une dizaine d'années avec l'irruption, dans les laboratoires et sur les terrains de recherche, des anthropologues des sciences. Voir Bruno LATOUR, *La Vie de laboratoire*, La Découverte, Paris, 1988.
62. Cité par Stephen Jay GOULD, *La Foire aux dinosaures*, *op. cit.*

Les protagonistes de la course aux armements

Revenons-en maintenant au sujet que nous avions abandonné, la course aux armements. Situons-nous en dehors du cadre de lecture en termes de contexte de justification qui traque les affinités comme, par exemple, celles entre notre monde socio-économique et cette idéologie du conflit permanent comme source de progrès. Regardons plutôt quels sont les objets de cette course aux armements. Assez étonnamment, ses objets, le terrain d'où cette course émerge, ne sont pas tant le nid de l'hôte du coucou, la victime de l'esclavagiste ou encore le corps infesté par le parasite[63]. Derrière leur identité apparente – et parfois surprenante – se cache le troisième terme, l'objet-fiction d'un laboratoire particulier : le laboratoire de la simulation. Et ce laboratoire va avoir, dans le champ de l'éthologie, un rôle de plus en plus important.

Le laboratoire de simulation crée un nouveau modèle d'animal économique et substitue, à une pensée adaptationniste en termes de bénéfices, un modèle d'optimalisation entre un coût et son bénéfice, en insistant sur le coût de chacune des stratégies envisagées. À ce nouveau modèle du comportement animal vont correspondre de nouveaux outils : l'outil mathématique de la théorie des jeux évolutionnaires, que nous avons évoqué à propos de l'altruisme réciproque. Fiction constituant un mode de mise à l'épreuve des fictions, la modélisation mathématique va construire la mise en scène des hypothèses, la mise à l'épreuve de leurs conditions de possibilité[64]. Le modèle économique de départ définit les stratégies d'individus liés par des rapports empiriques de coopération et de compétition, dont les jeux sont destinés à permettre

63. Si cela était le cas, nous nous situerions dans une hypothèse particulière : la croyance en l'unité de la nature. Il s'agit d'une croyance assez uniformément répandue : elle postule que les choses naturelles sont identiques. L'analyse sociologique de la zoologie de Kropotkine repose, par exemple, sur cette croyance puisqu'elle se fonde sur le postulat de « toutes choses étant égales par ailleurs » par lequel les terrains sont donnés comme une variable neutre (parce qu'identiques).

64. Isabelle STENGERS, *L'Invention des sciences modernes*, *op. cit.*

à chacun d'obtenir, à son avantage, des écarts différentiels aussi grands que possibles à partir d'une régularité statistique donnée[65].

La simulation du laboratoire fictionnel met en scène des fictions de relation : si A fait ceci et B cela, la stratégie de A (ou de B) est-elle stable et dans quelles conditions ? Le modèle va essentiellement décrire des manières de résoudre des conflits (ceux de la course aux armements) et s'étendra graduellement à toutes les relations, même les plus coopératives. Ainsi, Robert Trivers définit la relation parents-enfants en termes d'investissements différenciés[66] : chacun des parents est en conflit avec l'autre afin de ne pas se laisser exploiter par lui, et se trouve même en conflit avec les enfants qui veulent tirer tous les avantages possibles de la situation. Chacun des parents va donc adopter une stratégie pour assurer la survie de sa descendance – et éventuellement, si c'est dans les pratiques de l'espèce, la coopération du partenaire. En même temps, il tente d'éviter les investissements trop coûteux pour sa propre survie et son succès reproducteur.

Les objets des laboratoires informatiques sont des objets virtuels dans les processus créateurs de fictions mais peuvent recevoir un référent réel sur le terrain, les stratégies nominales désignant généralement elles-mêmes leur référents dans de nombreux cas : la stratégie parent possède quantité de référents dans le monde réel, comme la stratégie du coucou[67]. Nous aurons l'occasion de revenir sur le rôle de ces laboratoires dans la mise à l'épreuve de théories.

À la rationalité fictionnelle et mathématique des laboratoires de simulation continue de s'opposer l'autre vision de l'évolution.

---

65. Cette définition est celle de Claude Lévi-Strauss (*Anthropologie structurale*, Agora, Paris, 1974, p. 354) qui a lui-même utilisé dans ses analyses le modèle de Von Neuman.

66. Robert Trivers, « Parent-offspring conflict » *Americ. Zool.*, 14, 1974, p. 249-264.

67. Certaines, cependant, échappent à la règle puisqu'elles ne désignent pas un organisme mais un comportement particulier : ce sera le cas des stratégies de la colombe et du faucon, du bourgeois, du tricheur et du pigeon, etc.

Elle prend la forme d'une rationalité mythique dans une histoire devenue statique parce que déjà révolue : chaque trait, comportement ou structure y devient le produit d'une histoire qui lui donne son sens et fait de lui un trait utile et adapté.

Chacun de ces traits mérite et reçoit une lecture particulière, une interprétation qui explicite son utilité. Selon cette grille d'interprétation du monde, un trait ou un comportement ne peut donc être la conséquence ni d'un retard de l'adaptation ni d'une erreur de l'animal : la réponse de celui qui semble « berné » par l'autre (l'hôte du coucou, la dupe du mensonge) traduit « le meilleur compromis possible[68] » entre le fait de s'efforcer d'éviter l'erreur, au prix d'un coût élevé (jeter tous les œufs hors du nid si vous suspectez que le coucou est passé), et le fait de tomber dans le piège, au prix d'un autre coût.

Ces deux théories – même si au moins l'une d'entre elles s'en défend – présentent, à mes yeux, deux versions de l'optimisme : la première se fonde sur la conception d'un progrès constant, et prône donc un optimisme du devenir, la seconde, fondée sur un équilibre plus statique, pose que le meilleur possible est déjà là[69].

68. Amotz Zahavi, communication personnelle.

69. Selon Amotz Zahavi, la théorie dite de la course aux armements ne se fonde pas sur l'adaptation mais sur l'amélioration. Une lecture comparative de la littérature consacrée aux relations du coucou à son hôte mettrait en évidence le choix et les conséquences de chacun des arguments présentés par l'une et l'autre école (communication personnelle).

2

LES RITUELS CONTRE L'ALTRUISME ET LA FONCTION REPRODUCTIVE

Des deux paradoxes énoncés, l'altruisme et l'extravagance des signaux, aucun n'est totalement résolu. Des réponses partielles ont été apportées, qui laissent néanmoins des résidus d'inexplicable : pourquoi un animal ne triche-t-il pas dans une relation coopérative ? La sociobiologie ne rend compte que des causes ultimes et ne couvre pas le champ des interactions entre non-apparentés. Pourquoi une aide, qui apparaît parfois comme plus nocive que bénéfique à son récipiendaire, est-elle maintenue ? Comment, dans le cadre de la sélection sexuelle, une même caractéristique arrive-t-elle à assumer la double fonction d'attirer la femelle et d'intimider le rival ? Pourquoi l'extravagance n'a-t-elle pas tendance à disparaître ?

C'est à ce genre de questions que la théorie des signaux, et son corollaire, le principe du handicap, pensent pouvoir répondre. Son originalité, nous l'avons déjà évoqué, consiste dans le fait d'apporter une seule et même réponse aux deux séries de questions : l'altruisme et les signaux sélectionnés par la sélection sexuelle sont deux modes d'expression d'un même processus. Ceci prend tout son sens lorsque l'on aborde la question de la fonction des rituels.

La théorie du rituel se situe au carrefour des théories de l'altruisme et de la sélection sexuelle : en tant que comportement de communication, le rituel appartient à la fois au domaine de la coopération et, en même temps, à celui du choix de partenaire.

Le rituel est un comportement qui peut favoriser la coopération à double titre : il permet la restriction et l'inhibition de l'agressivité d'une part et, d'autre part, sous-tend des formes élaborées de coopération. Parmi celles-ci – et en cela il appartient au domaine de la sélection du partenaire –, nous trouvons la coopération que représente l'échange en vue de la procréation. Cette coopération sera, elle aussi, facilitée, voire conditionnée, par l'exécution de rituels.

Julian Huxley avait défini le processus de la ritualisation comme celui de l'évolution de mouvements ayant perdu leur fonction originale pour servir de signaux[1]. Lorenz mit en évidence le fait que les manifestations ritualisées sont plus stéréotypées que les mouvements originaux dont elles sont dérivées, cette évolution étant le résultat d'un intérêt commun des parties communicantes de le faire de la manière la plus claire possible. Selon Desmond Morris, si la stéréotypie augmente la clarté, elle diminue cependant les informations apportées quant à l'état du signaleur. Il a alors fait l'hypothèse que le signal a développé une certaine variance dans sa durée, son intensité et sa répétition afin de compenser les pertes d'information[2].

En dépit de cette intuition, la majeure partie des observations accentuaient ce qui, dans le rituel, permet une compréhension claire et sans ambiguïté des intentions des parties, c'est-à-dire ce qui constitue les ressemblances et la stéréotypie au sein des langages de ces rituels.

Les rituels chez les primates

Les recherches en primatologie se sont trouvées confrontées à des questions nouvelles qu'imposaient leurs sujets d'étude. Ceci a mené les primatologues à s'intéresser aux formes particulières

1. Julian Huxley, « The courtship habit of the great grebe with an addition to the theory of sexual selection », *Proc. J. Zool. Lon.* 35, 1914, p. 491-562.

2. Desmond Morris, « Typical intensity and its relationship to the problem of ritualization », *Behaviour*, 11, 1957, p. 1-12.

que pouvaient prendre certains rituels. Ils ont ainsi tenté de comprendre comment un message particulier peut être lié à une forme gestuelle particulière. Les babouins mâles *Papio cynocephalus anubis* présentent, par exemple, des échanges gestuels incluant des actes sexuels hautement ritualisés, tels que la présentation du siège, celle du pénis, le rituel de monte ou des attouchements des organes génitaux. Ces interactions détonnent avec le comportement habituel des babouins mâles, chez qui la compétition semble assez rude et source de nombreuses tensions. En dépit de cela, un babouin peut en saluer un autre en lui présentant les parties les plus vulnérables de son corps, et en lui permettant de toucher ses parties génitales, plaçant, par là même – littéralement –, ses chances de reproduction future dans la main d'un rival potentiel. Pour rendre compte du pourquoi de ces gestes – ou, dit plus rigoureusement, pour expliquer comment des gestes aussi dangereux se sont maintenus alors que des gestes plus « anodins » font très bien l'affaire chez de nombreux primates –, Barbara Smuts et John Watanabe ont tenté d'évaluer les contextes particuliers dans lesquels ces rituels ont lieu, et leurs variations[3].

Les rituels ont généralement lieu dans un contexte neutre, c'est-à-dire sans tension particulière et sans possibilité de conflits autour d'une ressource. Les babouins ayant tissé des relations de coopération quasi amicales en se protégeant l'un l'autre contre les agressions de mâles rivaux et en s'aidant mutuellement pour amener une femelle à l'écart du groupe vont présenter les rituels les plus complets et les plus intimes du registre comportemental.

Les statuts sont très fluctuants chez les babouins au sein de la même classe d'âge : les rituels ont probablement pour fonction de « tester » les relations de dominance par des moyens moins dommageables que le conflit direct. Mais, entre un vieux et un jeune, les statuts sont clairs, et n'ont besoin d'être ni évalués ni

3. Barbara Smuts et John Watanabe, « Social relationship and ritualized greetings in adult male baboons (*Papio cynocephalus anubis*) », *International Journal of Primatology*, 11, 2, 1990, p. 147-172.

renforcés. Il serait donc possible qu'ils utilisent le rituel plutôt pour explorer les possibilités de développer des interactions coopératives. Le babouin peut ainsi mobiliser les possibilités du rituel pour négocier et construire certains aspects de la relation, y compris de coopération. Toute relation coopérative vraie dépend, en dernier ressort, de l'accord mutuel de chaque partenaire. Celui qui s'engage ne peut toutefois jamais être sûr que le partenaire ne se désistera pas. Étant donné cette possibilité de défection, la vulnérabilité face à une trahison possible va toujours tempérer la confiance, et chaque individu réellement désireux de coopérer sera confronté au problème de savoir comment convaincre les autres de ses bonnes intentions. Avant que chaque babouin puisse profiter, en toute quiétude, de la coopération, il faut que celle-ci soit bien établie et que chacun soit convaincu que l'autre va résister à la tentation opportuniste d'un bénéfice immédiat. Le rituel des babouins sert peut-être cette fonction en établissant de manière formelle un contexte neutre et clairement structuré par des gestes et des mimiques par lesquels l'animal agit de manière invariable en suivant plutôt qu'en créant les séquences de sa performance.

Cette conformité quasi théâtrale est une conformité mutuelle montrée par chacun des partenaires ; elle constituerait, selon Roy Rappaport (cité par Smuts et Watanabe), un paradigme pour la coopération sociale, car « c'est de façon simple, immédiate et non ambiguë que ce rituel subordonne les individus aux contraintes d'un comportement commun qui transcende les individus eux-mêmes[4] ». Ainsi, la coordination sociale minimale nécessaire au rituel peut alimenter la possibilité de futures interactions mutuelles, de même que le refus d'y participer sera immanquablement évident pour chacun.

L'intimité et le danger liés à cette forme de comportement ne sont donc pas sans signification. Selon Lorenz, par exemple, la présentation et la monte doivent être interprétés comme un geste de soumission de celui qui présente, et une reconnaissance

4. *Ibid.*, p. 170.

de cette soumission de la part de celui qui monte, reconnaissance qui peut d'ailleurs apaiser le partenaire vaincu dans un conflit[5]. Pour Smuts et Watanabe, c'est plutôt parce qu'ils sont sans possibilité de communiquer de manière plus complexe et incapables de prêter serment que les babouins ont recours à un équivalent gestuel de cette prestation de serment, en plaçant leurs chances de reproduction future dans la confiance en un autre mâle. Un geste aussi risqué peut aider à accroître cette confiance dans la mesure où il impose un coût potentiel très élevé.

Pour Smuts et Watanabe, chez nous, prêter serment servirait le même but, c'est-à-dire accepter de se soumettre à la punition en cas de manquement. Selon eux, certains anthropologues ont décrit des rituels semblables chez les aborigènes d'Australie qui manifestent leur promesse d'aider quelqu'un en lui présentant son pénis. Pour confirmer leur interprétation, les auteurs en appellent à l'origine commune des termes désignant les parties fragiles présentées, la mise à l'épreuve de la confiance et le serment : le dictionnaire d'Oxford suggère, en effet, que les mots testament, tester et testicule viendraient de *testis* : témoin. Celui-ci donnera *testari :* témoigner.

Les exemples trouvés chez les aborigènes me semblent venir un peu hâtivement au secours d'une hypothèse postulant une sorte de « sémantisation » de la gestuelle. Le fait qu'un aborigène présente son pénis ne signifie pas que cette coutume soit universelle, ni que le terme désignant la promesse, dans sa langue, ait un rapport étymologique avec le terme par lequel il désigne ses organes. Parallèlement, la proximité des termes en anglais et en français ne nous permet pas d'affirmer l'existence d'une coutume semblable dans le passé.

La tentative pour trouver une théorie qui recrée le lien entre contenant et contenu, entre forme et fond, entre ce que l'on exprime et la manière dont on l'exprime est cependant très séduisante. L'enjeu est important. Il s'agit d'autre chose que

5. Konrad LORENZ, *L'Agression*, *op. cit.*

de retrouver simplement l'« unité » du réel : c'est le lien entre l'homme et l'animal qu'il s'agit de recréer, les précurseurs du langage qu'il s'agit de découvrir. Cette interprétation permet de résoudre le problème d'un lien continuiste entre l'homme et l'animal, puisqu'en montrant que le langage n'est pas totalement arbitraire, on peut imaginer retrouver son origine dans un précurseur gestuel chez les primates.

Malgré la sympathie que l'on peut éprouver vis-à-vis de ce genre de projets, une interprétation déterminée par l'analyse sémantique me semble, dans ce cadre, peu adéquate. Mais les commentaires des auteurs apportent un éclairage intéressant, car ils mettent en évidence la spécificité des gestes du rituel, leur singularité, et ce qui semble être la nécessité de les exécuter de manière dangereuse. Ceci ouvre la voie à une hypothèse alternative à celle, classique, qui veut que l'agressivité présente dans le rituel serait comme un « résidu » du compromis ritualisé. Cette hypothèse posée par Lorenz soulignait que l'agression était impliquée dans la relation entre animaux sociaux, d'abord parce qu'elle est adaptative, ensuite parce que les individus ne peuvent être sélectifs avec leur agressivité dans les premiers contacts. Dans cette optique, on comprenait la fonction et la signification de nombreux rituels : ils inhibent l'agressivité des partenaires et permettent le rapprochement nécessaire à l'établissement du lien. Dès lors, et malgré leur fonction d'inhibition de l'agressivité, ils vont, dans la formation de ces liens, toujours refléter une part de cette agressivité, soit pour l'orienter vers un autre membre du groupe ou, en son absence, vers un ennemi imaginaire, soit pour l'esquisser et ne pas le mener à son terme de manière ostentatoire. C'est ce que l'on appelle, dans ce contexte, le résidu du compromis. Ainsi, les cigognes saluent leur partenaire en couchant la tête sur le dos et en claquant du bec. Ceci serait, selon Irenaüs Eibl-Eibesfeldt, une démonstration significative du « détournement de l'arme[6] ».

6. Irenaüs Eibl-Eibesfeldt, *Ethologie. Biologie du comportement*, Éditions scientifiques, Paris, 1972.

L'attaque d'un ennemi, même imaginaire, et le cri de triomphe qui s'ensuit chez l'oie cendrée reflètent, selon Lorenz, ce processus de réorientation ritualisée de l'agression[7].

Entre une interprétation du rituel en termes d'automatismes fixés et en termes de communication quasi linguistique, une voie moyenne, qui rende compte de certaines de ses caractéristiques, pouvait être tracée.

Rituels et théorie des signaux

Dans ses premiers articles, Zahavi remet en question la fonction de l'agressivité dans les rituels de formation du lien ; il leur donne une fonction plus large que les fonctions cathartiques et de communication de l'apaisement[8]. Si l'on définit le lien comme un accord en vue d'une coalition, la formation du lien doit, selon lui, apporter des informations à celui qui en exécute les rituels. Ces informations doivent renseigner les partenaires sur la fiabilité de l'autre, sur sa motivation et sa disponibilité. Or un moyen relativement rapide d'évaluation de la disponibilité et de la fiabilité d'un congénère est de le tester : un individu vraiment motivé à investir dans une relation acceptera un test stressant, un individu plus velléitaire le refusera. Ainsi, la salutation rituelle du babouin s'expliquerait, dans cette optique, comme le fait de « tester le lien ». Cette hypothèse non seulement rend compte de la forme particulière du rituel, mais offre également ce qui semblait être pour les éthologistes une qualité enviable de l'explication : une même hypothèse rend compte à la fois de la forme du rituel et de sa signification.

Cette hypothèse d'une fonction de « test » de la qualité du lien au moyen de comportements stressants mène Zahavi à réinterpréter de nombreuses observations de conduites jusqu'alors considérées comme des accidents ou des dérapages : un oiseau mâle territorial, en menaçant une femelle qui lui rend visite, compromet parfois

7. Konrad LORENTZ, *L'Agression*, *op. cit.*

8. Amotz ZAHAVI, « The testing of a bond », *An. Behav.*, 25, 1, 1977, p. 246-247.

la possibilité d'un accouplement[9]. Selon Zahavi, il s'assure par ce test stressant, qu'elle ne vient pas uniquement profiter de la visite pour se nourrir. L'agressivité manifestée à l'égard d'un nouveau membre d'un groupe ressortirait de ce type de mise à l'épreuve.

Ainsi, la dangerosité des gestes de certains des rituels des babouins pourrait étayer, dans cette perspective, l'hypothèse que la fonction cruciale des rituels serait de mettre à l'épreuve la confiance. Si l'on étend le raisonnement de Zahavi, on pourrait envisager qu'une des composantes du toilettage social soit, en plus des renforcements des liens dus à l'échange de bons procédés, l'évaluation de la fiabilité de l'autre : l'un des deux partenaires, en effet, tourne le dos et se détend totalement. Il est donc dans une situation de très grande vulnérabilité.

Créer des liens ou les renforcer va mettre en œuvre une série de signaux ritualisés signifiant le désir d'établir une relation. Dans ce cas, comme l'avaient déjà remarqué de nombreux éthologistes, seront privilégiés les gestes « risqués » incitant la confiance, comme tendre les paumes ouvertes, baisser la tête en présentant la partie vulnérable du crâne, offrir ses parties génitales (geste également présent dans les rituels d'autres espèces, comme chez les hyènes tachetées), écarquiller les yeux et agrandir la pupille en limitant la vision claire, supprimer la vision par le fait de pleurer lorsque l'on implore l'autre, etc.[10].

---

9. Le coq de bruyère que j'avais eu l'occasion d'observer dans cette situation peut ainsi, lorsque la tension dans l'arène est à son comble et qu'il doit défendre son territoire de l'intrusion d'autres mâles, attaquer une femelle qui passe. Mon mentor en éthologie, Jean-Claude Ruwet, qui supervisait mes observations, a souligné les conséquences que peut avoir ce comportement : les mâles moins agressifs des territoires de la périphérie peuvent ainsi augmenter les opportunités de se reproduire (avec les femelles chassées du centre), ce qui aura pour effet de réguler le potentiel agressif de la population. Cette hypothèse ne contredit pas, ni n'est contredite par, celle de Zahavi. Elle situe son niveau explicatif aux causes ultimes. Elle me semble intéressante à mettre en parallèle pour montrer, 1. la possibilité d'explications à des niveaux différents, mais surtout, 2. la coloration particulière qui peut affecter le choix de l'un ou l'autre de ces facteurs explicatifs.

10. Les deux premiers exemples sont respectivement de Lorenz (*L'Agression*, *op. cit.*) et d'Eibl-Eibesfeldt. Le troisième est celui de Zahavi (communication

Le fait, d'une part, d'accepter ce risque et, d'autre part, de ne pas en profiter constitue donc, aux yeux de Zahavi, une fonction qui affirme et augmente la confiance entre les deux partenaires.

Parallèlement à cette fonction de test de la fiabilité de la motivation ou des intentions d'un partenaire potentiel de la relation, le rituel va en remplir d'autres : il va permettre également d'évaluer toute une série d'autres informations essentielles comme, par exemple, les qualités et la motivation particulière d'un adversaire potentiel. Pour mesurer l'originalité de cette théorie, il faut garder en mémoire le fait que Lorenz et Morris insistaient généralement sur l'aspect stéréotypé, spécifique, codé – on pourrait dire conventionnel – de gestes réalisés en séquences immuables.

Or la perte d'informations de ce qui constitue la singularité des participants au profit de la clarté d'un langage commun pose quelques problèmes si l'on tente de comprendre l'issue de certains combats ritualisés. Si l'on reprend l'exemple tel qu'il est formalisé par la théorie des jeux évolutionnaires, une question subsiste : comment le combat peut-il s'achever par la victoire d'un des deux protagonistes si, grâce à la ritualisation, ils n'en viennent jamais à se toucher ?

Le modèle « faucon-colombe » tente de répondre à cette question. Il stipule deux stratégies de combat : la stratégie dite « faucon », qui est une stratégie féroce non ritualisée, et la stratégie dite « colombe ». Les organismes « colombe » de cette population hypothétique ne font que menacer d'une manière conventionnelle, n'attaquant ni ne blessant jamais. Si une « colombe » rencontre un organisme qui adopte cette même stratégie, personne n'est blessé ; elles continuent à se faire peur l'une l'autre jusqu'à

personnelle). Au-delà du fonctionnalisme de l'explication, cette interprétation des larmes nous amène à envisager une signification possible du fait de pleurer. On peut considérer les pleurs comme un geste d'offrande de la cécité : ce n'est plus le regard qui importe, mais son absence. Ceci implique le changement de perspective : le regard devient ce sur quoi le regard de l'autre se pose. Il devient passivité, offrande. Le regard pleurant efface le sujet pour s'affirmer comme objet de regard.

ce que l'une d'entre elles en ait assez, ou décide de ne plus s'en préoccuper et s'en aille[11]. Le seul facteur décisif dans ce genre de combat serait finalement le facteur « temps ». Un animal doit se nourrir, et ne peut donc dépasser certaines limites de temps dans les combats ritualisés. Mais si tel est le cas, pourquoi de telles parades de menace puisque, en fin de compte, le temps seul est décisif ? La question revient à demander comment un animal arrive à convaincre son adversaire que, s'il changeait brusquement de stratégie et devenait un « faucon », le combat serait fatal pour ce dernier.

Pour répondre à cette question, il faut regarder le rituel comme *un ensemble de gestes qui expriment des différences*. Et pour ce faire, il faut envisager de manière différente la stéréotypie que représente le rituel, ne plus la considérer comme l'information en soi, mais plutôt comme le support de l'information.

Le rituel, le Martien et le marathon

Regarder les différences là où l'on observe usuellement les similitudes, voilà ce qui, à mon sens, situe et définit l'originalité de la démarche de Zahavi. Créons un exemple au départ d'une de ses métaphores et aidons quelque peu notre progression dans la science par un peu de science-fiction qui ne nous éloignera pas de notre sujet.

Imaginons qu'un éthologiste, semblable à nos éthologistes sur le plan des théories, des modes de pensée et des pratiques de terrain, arrive d'une autre planète pour observer les habitants de la Terre. Il tombe en pleine campagne au beau milieu d'une route nationale qui, à ce qui lui semble, a dû être tracée par le passage de nombreux organismes de cette énorme humainière. Il décide de se mettre à leur recherche, et suit donc logiquement leurs traces. À une distance étonnamment régulière, sur le bord du chemin, apparaissent des bornes, sur lesquelles sont inscrits

11. Richard Dawkins, *Le Gène* égoïste, *op. cit.*, p. 70.

des signes étranges, toujours les mêmes : « km ». Notre éthologiste en conclut que les habitants de cette humainière marquent avec une fréquence remarquable les chemins qu'ils empruntent afin de rappeler aux organismes de leur espèce qu'ils sont eux-mêmes passés, ou encore qu'ils empruntent une piste de grand passage. Notre éthologiste arrive au croisement de deux chemins noirâtres et y rencontre un groupe d'humains. Ce groupe court pour un marathon, mais notre éthologiste ne connaît pas le marathon parce qu'il n'en existe pas sur sa planète. On peut aussi penser qu'il n'y a pas de compétition sur cette dernière ou pencher pour l'hypothèse alternative : il y a tellement de compétitions sur celle-ci que notre éthologiste sidéral est intimement convaincu que cela ne peut exister dans ce qui représente, pour lui, l'ailleurs radical. Mais ce sont là des digressions qui n'ont plus grand-chose à voir avec le rituel. L'éthologiste, à la vue de tous ces organismes accomplissant exactement les mêmes mouvements, dans une cadence presque parfaite – il a appris, lors d'un cours d'anthropologie, que l'erreur est justement humaine –, dans une telle promiscuité et une telle unanimité, pourra de manière très plausible se convaincre qu'il a affaire à un rituel d'apaisement des tensions ou de renforcement des liens de cohésion du groupe. Et il aura partiellement raison… Mais il manquera la fonction que le marathon prend pour chacun des organismes : il départage les qualités différentielles des coureurs en jouant comme un standard. En effet, si tout le monde fait la même chose, c'est pour que puissent émerger de façon claire et simple les différences vraiment signifiantes entre les coureurs.

Il en est de même, selon Zahavi cette fois, du concours de ballet : les gestes sont standardisés, afin que le jury puisse décider des qualités de chacun des danseurs participant.

Dire bonjour le matin relève de la même utilisation fonctionnelle du standard : « bonjour » ne donne aucune information – et je ne connais personne qui envisage, chaque fois qu'il le prononce, la réelle signification du mot –, mais la façon dont nous le disons constitue l'information réellement apportée : elle indique aux autres l'état de notre humeur, notre implication dans la relation, notre envie ou notre plaisir de les voir, et même notre dynamisme matinal.

Dans cette perspective, le rituel acquiert une nouvelle fonction : il met non seulement en jeu, comme dans la théorie classique, des mécanismes de reconnaissance d'un langage inné, mais surtout la compétence de chacun des individus à percevoir, par-delà les similitudes du rituel, les différences de motivations, le contenu des intentions, la fiabilité, et même les qualités qui identifient chacun des participants. À cette compétence des individus participants du rituel correspond, comme en miroir, celle de l'observateur éthologiste. La nouvelle définition du rituel prend, en effet, l'allure et les arguments des controverses classiques en éthologie, à savoir que la focalisation de l'intérêt sur la stéréotypie n'était, en somme, que la conséquence d'une observation inadéquate : ce que l'on voyait n'était pas ce qu'il fallait voir.

Les controverses en éthologie utilisent fréquemment des arguments remettant en cause la compétence de l'observateur à créer les conditions de l'observation[12]. L'analyse du rituel, avant même que la controverse puisse être déclarée, va en devancer les arguments. Elle revendique, et ce de manière explicite, le fait de se fonder sur une observation plus pertinente et plus fine pour contredire les théories classiques.

Cette nouvelle définition du rituel qui fonde une identité entre les compétences de l'observateur et celles de l'observé (devenu observateur dans le système) crée ce qu'on pourrait appeler un effet miroir entre ce qu'on observe et ce qui est observé, une identification – dont on ne peut encore savoir si elle est métaphorique ou psychologique – entre les différents acteurs du système.

À l'identification métaphorique ou psychologique – par cet effet de miroir – qui se produit entre l'observé et l'observant – et dont nous retrouverons ailleurs d'autres occurrences –, correspond un

12. À propos de la vie sexuelle du lézard à queue en fouet : Harry Collins et Trevor Pinch, *Tout ce que vous devriez savoir sur la science*, *op. cit.*

effacement de la limite entre le contenu et la forme de l'analyse du matériel observé : dans cette perspective, chaque comportement devient un échange d'informations. Ceci n'est pas nouveau et advient chaque fois que les systèmes observés sont analysés comme des systèmes de communication. Il y a effet de miroir parce que les mêmes compétences sont requises chez l'un comme chez l'autre, parce que l'observé devient à son tour l'observateur. Il y a effet de miroir parce que l'observateur et l'observé sont ainsi astreints au même travail de décodage des comportements en termes d'information : l'agression du mâle vis-à-vis de la femelle n'est plus un simple comportement agressif, mais se décrypte comme une question qu'il lui adresserait, le toilettage social n'est plus simplement ce qui créerait le lien, mais devient un échange descriptif et prédictif qui définit la relation, etc. Un comportement n'est plus une simple action sur l'environnement, mais devient une série d'informations que l'individu donne à son environnement. Chaque comportement est ainsi susceptible d'acquérir une valeur de signal.

Une distinction doit cependant être faite entre la notion d'information et celle de signal : si tout signal est information, toute information ne constitue pas un signal. Un signal se distingue des autres caractéristiques porteuses d'informations et des informations émanant du monde inanimé : n'est signal qu'une caractéristique qui a été modelée au cours de l'évolution par la réponse que les autres individus lui ont réservée quand ils le percevaient. Un signal est donc une caractéristique qui a été sélectionnée grâce à la réponse d'autres individus à ce caractère au cours de l'évolution[13].

Épistémologie et ontologie de la différence

Une vision qui encourage la perception des différences au-delà des similitudes, qui pense l'information dans les termes batesoniens

13. Amotz Zahavi, « On the definition of sexual selection, Fisher's model and the evolution of waste and of signals in general ». *An. Behav.*, 42, 1991, p. 501-503.

d'une « différence qui fait la différence », qui envisage la similitude comme un outil de différenciation et non pas comme un effacement des différences au profit d'un dénominateur commun, accorde à celles-ci une priorité quasi ontologique. Primat quasi ontologique et pas simplement épistémologique dans la mesure où le fait d'accorder simplement une priorité épistémologique à la différence revient, en définitive, à accorder au « même » un statut égal à celui du différent. Il s'agit, comme dans la vision du cube de Necker, de deux façons de considérer le rituel, dont l'une semble, pour telle ou telle raison (les raisons d'accorder le primat épistémologique), meilleure que l'autre. La priorité quasi ontologique de la différence ne s'attache qu'à celle-ci et relègue la similitude au statut d'outil – le réel *est* différence, la similitude, le mode de création de celle-ci.

Cette forme de pensée peut être également rapportée au glissement qui s'opère entre une tradition classique, envisageant le rituel comme le moment de la coopération par excellence – le moment de la cohésion, de la coordination, de la pacification, de l'inhibition de l'agressivité, symbolisé par l'harmonie des figures –, et une nouvelle – quoique fort ancienne en même temps – tradition qui envisage toute relation en termes de compétition ou de conflits d'intérêts – en somme, de *différends*.

Le rituel est une mise à l'épreuve garantissant la fiabilité des revendications des partenaires de la relation : revendications à la supériorité, dans le cas du rituel de combat, mise à l'épreuve de la fiabilité des intentions, dans les rituels préparatoires à la relation coopérative. La métaphore du marathon est moins qu'innocente à ce sujet, mais c'est encore avec le ballet que se manifeste de la manière la plus évidente ce glissement des conceptions : ce que l'on décrit comme une entreprise coopérative exécutée aux fins de créer de la beauté dans l'harmonie devient le standard permettant de départager des compétiteurs.

Ainsi en alla-t-il de la danse du cratérope écaillé, du moins pour certains de ses spectateurs.

DEUXIÈME PARTIE

LA DANSE DU CRATÉROPE

3
LE CRATÉROPE ÉCAILLÉ

Nous avions dit que la danse du cratérope serait le nœud de notre histoire et que nous suivrions les indications de ses fils dénoués. C'est à un labyrinthe que ressemblera, dès à présent, notre démarche. Mieux qu'une trame ou un tissu, la métaphore du dédale va représenter la configuration spatiale et affective des apories dans lesquelles nous allons nous engager, et que nous devrons laisser en chemin.

J'avais déjà vu des oiseaux danser : c'est ainsi en effet que l'on appelle la pariade du grèbe huppé qui, au moment de la formation du couple, esquisse des mouvements gracieux face à son partenaire. Mais je ne pouvais imaginer, à la simple lecture des articles de Zahavi, que j'allais assister à un événement aussi surprenant et aussi drôle : la danse en groupe des *babblers*. Les *babblers* forment une ligne de quelques individus, un peu à la manière des danseurs russes, se serrent les uns contre les autres, jusqu'à ce que, brusquement, l'un des oiseaux saute par-dessus l'autre ou les autres, et aille s'insérer entre deux compagnons, plus au centre de la ligne des danseurs. Ils changent ainsi de place les uns après les autres, en s'insérant le plus possible au milieu. Parfois, la ligne peut se transformer en une sorte de boule serrée, au sein de laquelle chacun essaie à nouveau d'occuper la place centrale. Chaque oiseau participe ainsi à une bousculade organisée qui les secoue tous et les transporte alternativement à des places différentes sur la ligne ou le cercle. La danse peut durer plus de trente minutes et réunir tout le groupe. Elle a généralement lieu le matin, juste au moment du lever du soleil, quand tout est encore dans une semi-obscurité. Occasionnellement, les oiseaux peuvent danser au coucher du soleil. Un autre rituel de danse les réunit de temps en temps, lorsque les circonstances autorisent une baignade commune (après une pluie suffisante pour former des flaques au sol) : juste après la baignade, les *babblers* se mettent à danser.

Quelle est la signification – c'est-à-dire ici la fonction, puisque, dans le champ de l'histoire naturelle, la signification d'un comportement n'est rien d'autre que sa fonction, « vouloir dire » devenant « servir à » – du rituel de danse[1] ?

Interprétations conflictuelles

Le rituel de danse est-il, comme le suggère Zahavi, un test imposé aux partenaires[2] ? Les bourrades et bousculades, l'éjection de ceux qui sont aux extrémités, la prise de la place d'un autre sont, dans cette optique, le stress imposé aux congénères qui permet à chacun des participants du rituel d'évaluer la motivation des autres à coopérer. Il ne s'agit pas seulement d'éprouver la relation à autrui dans une situation stressante, mais également la force du lien qui unit chacun des membres aux autres. Lorsqu'un cratérope se trouve « pris » dans la danse – au propre et au figuré, l'oiseau est réellement « coincé » entre deux partenaires et, plus particulièrement encore, lorsqu'il occupe une place convoitée –, il restreint fortement ses possibilités de s'envoler. Or, le moment de la danse matinale est le moment le plus mal choisi : le soleil

1. Ceci est sans doute dû, plutôt qu'à la traduction des comportements en termes d'informations, à l'héritage de la tradition utilitariste qui marque la pensée darwinienne. D'un point de vue strictement épistémologique, l'on peut s'étonner de cette mise en équivalence de ce que quelque chose veut dire et de ce à quoi il sert, qui semble effacer l'irréductibilité entre les causes (finales en l'occurrence) et l'intention.

2. Amotz Zahavi, « The theory of signal selection and some of its implications », *Proceedings of the International Symposium on Biological Evolution*, sous la direction de V. Delfino, Adriatica Edetricia, Bari, 1987, p. 305-325.

se lève à peine, les cratéropes ont grand-peine à voir dans cette pénombre, et constituent une proie facile pour un prédateur. En outre, après une longue nuit de sommeil, les oiseaux sont affamés et doivent d'urgence trouver de l'énergie. Le site même du rituel est tout aussi surprenant : les cratéropes dansent généralement dans un environnement non couvert, là où ils sont les plus démunis face à un prédateur potentiel.

Selon Zahavi, le lieu et le temps de la danse sont des indices : ils sont choisis parce que, justement, ces lieux et ces moments représentent le plus de difficultés[3]. C'est cette difficulté même qui donne la signification, la fonction de la danse : elle permet de vérifier la fiabilité des motivations des membres du groupe. Les cratéropes d'un groupe « qui sont prêts à supporter un coût qui leur est imposé par les autres membres du groupe le font parce qu'ils désirent être un membre du groupe[4] ».

À cette hypothèse répond, pour la remettre sérieusement en question, la théorie de Roni Ostreiher, l'assistant de Zahavi. Selon lui, la danse du cratérope doit être envisagée comme l'expression d'une compétition pour afficher sa supériorité sur les autres, chaque place prise constituant une victoire, et la place centrale, le signe manifeste de la qualité de celui qui l'obtient et parvient à la garder longtemps. L'indice le plus évident de cette fonction de la danse est qu'elle a généralement lieu au moment où se décide le partage des ressources du groupe : les femelles, au moment de la saison de reproduction, les ressources alimentaires, avant l'hiver.

La danse qui, pour Zahavi, constituait le préliminaire à la coopération devient, chez Ostreiher, un mode de compétition. Dans ce dernier cas, comme nous l'expliciterons plus loin, la danse deviendrait l'expression performative du statut.

Les cratéropes peuvent jouer un jeu qui reproduit le même genre de scénario, mais dans un espace non délimité par la ligne,

---

3. De même, danser après le bain est un choix étrange, puisque cela retarde le moment du séchage.

4. Amotz Zahavi, « Arabian babblers », *op. cit.*

et non ritualisé. Chaque oiseau occupe une position (sur une branche, sur un rocher), et en change pour occuper celle d'un autre, en l'y délogeant. Ce jeu m'apparut comme une variante de cette danse ou, peut-être, son exercice ou sa préparation. Dans une lecture plus conforme à la définition du rituel, on devrait plutôt envisager que la danse constitue un détournement des gestes du jeu au profit des fonctions communicatives. Ni l'une ni l'autre de ces alternatives n'est cependant pleinement satisfaisante : cela tient sans doute à la particularité des deux comportements. Ils remplissent tous deux, de manière relativement évidente, des fonctions métacommunicatives : ils « parlent » sur la relation et la définissent – et ce quelle que soit l'hypothèse interprétative envisagée, le stress ou l'expression de la supériorité. Il paraît donc hasardeux d'opter pour l'une, affirmant que le rituel emprunte sa forme au jeu – de la même manière que le rituel adopte formellement des comportements alimentaires ou agressifs pour les détourner de leurs fonctions premières –, ou pour l'autre, affirmant que le jeu dérive du rituel.

Quoi qu'il en soit, le jeu lui-même pourrait supporter les deux interprétations qui s'opposent : comme le rituel, il peut constituer un test de la fiabilité des partenaires et de leur capacité à supporter le stress, et comme lieu de la compétition, il peut être l'occasion de rappeler ou d'éprouver la force de chacun. À propos du rituel, comme à propos du jeu, chacune des interprétations confrontées aux faits me semblait, à l'observation, également plausible.

Malgré mes questions, aucun argument avancé dans cette controverse ne fut jamais discuté de manière explicite, comme s'il était déjà clair que l'interprétation était une affaire de choix. Zahavi ne m'expliqua pas les raisons de sa position avec des arguments qui auraient pu départager les propositions. Ostreiher, son assistant n'ayant pas publié sa propre argumentation, je ne connaissais donc que son hypothèse. Il me donna deux explications, à des moments différents, et dans un style bien différent : la première alors que nous travaillions ensemble ; la seconde vint quelques mois après mon retour, après une longue une lettre dans laquelle je lui demandais des éclaircissements pour mon livre. La réponse avait, cette fois, pris la forme plus conventionnelle et argumentée d'un extrait d'article.

Lorsque je lui demandai de mieux justifier sa représentation de la danse, il me donna une réponse que je ne compris que bien plus tard, à la lumière des éléments qui survinrent dans les semaines suivantes. Nous étions assis côte à côte, devant un groupe d'oiseaux, lorsque je lui demandai de m'exposer les deux interprétations de la danse. Il passa d'abord sa main sur mes épaules et demanda : « Comment interprètes-tu cela ? Comme un geste stressant ? – et ce geste, de la part d'un étranger, l'était d'une certaine manière pour moi – ou comme un geste par lequel j'affiche ma supériorité ? Et maintenant, dit-il en me bousculant assez violemment mais sans méchanceté, comment interprètes-tu mon geste ? Tout est là. Voilà comment sont les deux interprétations ».

J'ai tenté de regarder les danses avec chacune des deux hypothèses en tête, alternativement : toutes deux semblaient également plausibles, et les faits s'y ajustaient de manière adéquate. Je trouvais, pour l'une comme pour l'autre, autant d'indices de confirmation. Un pragmatiste, dans la veine de William James, confronté au problème de l'écureuil, dirait qu'elles se valent, et que rien, dans les faits, ne permet de choisir l'une ou l'autre[5]. Il ajouterait, sans doute pour clore le débat, que ce ne sont pas les faits qui sont en jeu, mais les liens que nous tissons entre eux, et les catégories auxquelles nous faisons appel pour mieux les comprendre.

---

5. William James relate une discussion intervenant autour d'un écureuil cramponné au tronc d'un arbre. Toute la question – dont débattaient ses amis – était de savoir si l'homme qui cherchait à l'apercevoir avait ou non tourné autour de l'écureuil en sachant que, pour l'apercevoir, « notre spectateur humain se déplace rapidement autour de l'arbre ; mais, quelle que soit sa vitesse, l'écureuil se déplace toujours plus vite dans la direction opposée : toujours il maintient l'arbre entre l'homme et lui, si bien que l'homme ne réussit jamais à l'entrevoir. De là, le problème métaphysique : l'homme tourne-t-il autour de l'écureuil, oui ou non ? » Et James de résoudre le problème en énonçant en philosophe pragmatiste : « Cela dépend de ce que vous entendez pratiquement par tourner autour de l'écureuil », William James, *Le Pragmatisme*, Flammarion, Paris, 2011.

Ce qui aurait dû m'interpeller était pourtant assez simple : l'exemple d'Ostreiher n'était pas construit de manière fortuite, et les contradictions apparentes (la caresse et la bousculade) n'avaient pas pour fonction d'opposer de manière symétrique les deux hypothèses. Chacun de ces gestes était délibérément destiné à conforter de manière très équitable et avec le même pouvoir de conviction les deux interprétations. Ce dont je ne pouvais pas me rendre compte alors, sans le recul et les éléments d'analyse ultérieure, c'est que l'exemple d'Ostreiher ne me parlait pas des cratéropes, mais de notre relation singulière face à eux. Il me semble aujourd'hui qu'il a trouvé plus important de défendre une communauté de langage que nous pouvions partager plutôt que de me convaincre de la validité de son interprétation des danses. Il faut savoir que la recherche d'Ostreiher porte principalement sur l'effet de l'observateur sur les danses des oiseaux. Nous y reviendrons plus loin. L'« influence de l'observateur » constitue, dans cette perspective, une hypothèse constructiviste. Mais cette hypothèse constructiviste pourrait être qualifiée de constructivisme *soft*, puisqu'elle envisage l'effet d'une relation sur un objet dont on ne doute pas qu'il offre un support stable et réel à l'observation. Le réel nous est donné, mais nous le modifions. En d'autres mots, l'oiseau est tel qu'il est, mais ses comportements peuvent être modifiés du fait de ma présence. Je ne peux donc pas savoir comment il est indépendamment de moi, de la connaissance que j'en ai. À ce constructivisme *soft*, on peut opposer un constructivisme plus radical – et plus proche de mes ambitions de départ – qui consisterait à envisager comment s'opère la construction de l'objet lui-même par le sujet observateur actif. Ici, le réel nous est peu ou pas donné ; nous en construisons la représentation. J'avais défini Ostreiher, de manière assez sommaire et en vertu de l'expérience qu'il menait, comme un constructiviste *soft*, préoccupé d'empirie et s'interrogeant sur les effets de sa présence auprès des oiseaux. Je pense aujourd'hui, au vu de l'intérêt passionné de Roni pour tout ce qui touchait aux aspects les plus anthropologiques de ma recherche, qu'il est, en fait, un constructiviste beaucoup plus radical que ce que je ne l'imaginais alors ; un constructiviste enthousiaste quand il évoque l'idée qu'un regard particulier peut donner une représentation particulière.

Lorsque je lui ai demandé de me donner son interprétation de la danse, Ostreiher a répondu à ma question, mais à un niveau auquel je ne m'attendais pas. J'espérais qu'il me donne un contenu à analyser, les éléments qui me permettraient de dénouer les liens entre sa méthodologie, ses mythes personnels, son regard et ses hypothèses. Il me proposa autre chose : il m'offrit ce que j'ai appelé une communauté de langage[6], il m'a offert une hypothèse, il m'a montré qu'il savait ce que je cherchais, et qu'il cherchait avec moi, en m'impliquant directement, physiquement – l'intrusion dans mon espace, la transgression de la distance individuelle n'est pas, à mon sens indifférente. Il me montrait surtout qu'il refusait le rôle auquel je le réduisais : celui de l'observé. Ostreiher n'a donc pas répondu à ma question comme l'aurait fait l'observé à l'observant qui l'analyse, il m'a proposé de construire activement un cadre dans lequel nous aurions pu inscrire un dialogue au sujet des regards sur le cratérope. En me demandant d'interpréter un geste, Ostreiher me mettait ainsi devant les deux branches d'un choix : être moi-même l'observé qui donne des contenus interprétatifs à ses gestes, ou construire avec lui un cadre commun de réflexion dont nous serions tous deux les observateurs. L'interprétation de la danse n'était, dans cette perspective, que le prétexte de la modification de notre relation.

S'il est vrai que l'une ou l'autre interprétation de la danse ne change rien à ce qu'elle est, en revanche, ce qui change c'est, dans la relation particulière entre Zahavi et Ostreiher, un des éléments importants du contexte de justification de la théorie : chacun, l'assistant et le professeur, est resté – pour des raisons difficiles à comprendre – ferme sur son interprétation. L'article qui devait

6. Et ce n'est pas une coïncidence, je crois, s'il m'a envoyé de l'« écrit » et du « publiable » quand je lui parlais du fait d'être moi-même dans un projet de publication. Je crois qu'il continuait à vouloir maintenir ce que j'appelle ici notre « communauté de langage ».

être, à l'origine, le fruit d'une collaboration – et bénéficier des appuis de Zahavi dans les revues scientifiques – sera signé par l'assistant seul. Reste à savoir s'il le sera[7]...

Cette lecture en termes de conflit d'intérêts mettant en jeu la coopération de deux partenaires scientifiques – dont le statut de l'un peut réellement influencer le statut de l'autre – nous renvoie au conflit d'intérêts qui, chez les cratéropes, rend les rituels si nécessaires.

Quelle que soit l'interprétation que l'on en fasse, le rituel émane d'un conflit d'intérêts : quel besoin y aurait-il, en effet, d'évaluer la motivation ou la fiabilité des partenaires, d'une part, ou d'afficher sa supériorité, d'autre part, dans une relation dans laquelle aucun conflit n'est possible ?

En m'exprimant de cette manière, me voilà déjà pleinement dans l'optique zahavienne : le postulat de départ de cet élève de David Lack, fervent champion de la sélection individuelle, est assez simple. Tout système coopératif, quel qu'il soit, offre un dilemme à chacun de ses membres : chacun d'entre eux est, en effet, confronté à deux exigences contradictoires : d'une part, entrer en compétition pour assurer son meilleur succès reproducteur et, d'autre part, collaborer. En observant les cratéropes construire et gérer les relations sociales, Zahavi en est venu à élaborer une théorie étonnante à l'aspect quelque peu hybride, puisqu'elle semble à certains moments flirter avec la théorie de la sélection de groupe, pour la rejeter ensuite et renouer avec la dure loi de la sélection individuelle : « Dans un système dans lequel la survie individuelle dépend de la santé des autres, il y a beaucoup à gagner pour tous, même le plus fort et le plus dominant, à éviter les combats[8]. » Il ne s'agit donc pas tant d'assurer la vie du groupe pour lui-même, mais celle-ci pour la survie individuelle. Le groupe n'est donc pas une fin, mais un simple moyen.

7. Cela n'a pas été le cas, selon les chercheurs qui m'ont relaté cet incident.

8. Amotz Zahavi, « Reliability in communication systems and the evolution of altruism », *in* Bernard Stonhouse et Christopher Perrins (dir.), *Evolutionnary Ecology*, Macmillan, Londres, 1977, p. 253-259.

Les cratéropes écaillés, malgré ce qui vient d'être dit, sont des oiseaux extraordinairement altruistes et sociaux. Non seulement, ils dansent et jouent, mais, comme nous l'avons déjà évoqué, ils se font régulièrement des présents, s'offrent de la nourriture, se toilettent les uns les autres, participent à l'élevage des jeunes comme aidants au nid, surveillent les juvéniles avec beaucoup d'attention même s'ils ne leur sont pas apparentés, assurent des rôles de sentinelle avec une constance remarquable, donnent l'alarme en cas de danger, et peuvent même attaquer un prédateur pour sauver un congénère en difficulté (réaction dite de *mobbing*). Les combats extraterritoriaux contre les autres groupes sont très rudes et constituent également des occasions de grande bravoure et de gestes héroïques. À l'inverse, peu de conflits semblent devoir se produire au sein du groupe, puisque les cratéropes, constate Zahavi, consacrent beaucoup de temps aux activités altruistes.

Comment diable, nous dira-t-on, des oiseaux aussi coopératifs n'ont-ils pas réussi à convertir un théoricien de la compétition en un fervent défenseur de la sélection de groupe ? Serait-on enfin ici devant un bel exemple d'une idéologie à l'œuvre ? Devant un effet comparable à celui du miroir en éclats du conte *La Reine des neiges* de Hans Christian Andersen, miroir qui s'échappa, par mégarde, des mains du diable et transforma le regard de tous ceux qui en avaient reçu les éclats, de telle façon que la beauté du monde ne leur apparaissait plus. L'idéologie alors serait comme l'éclat du miroir qui, dans les yeux de Kay, « met en relief le côté vilain et méchant des êtres et des choses et en fait ressortir les défauts ».

Détermination du regard par son contexte

Le regard de Zahavi, dont nous avions dit qu'il pouvait, au-delà des similitudes, s'attacher aux singularités et différences, pourrait-il, en même temps, et sans se contredire, effacer l'objet, le faire taire pour parler à sa place ?

Si nous reprenons chez Latour l'idée que les objets, quels qu'ils soient – le trou dans la couche d'ozone, le virus du sida, les embryons congelés, les robots à capteurs, et même, pourquoi pas, les jeux évolutionnaires,… –, sont des objets hybrides qui relèvent à la fois de la nature et de la culture, nous pouvons alors penser le « cratérope dans le discours » – de Zahavi, en l'occurrence – comme un objet lui aussi hybride, pris dans les fils d'un réseau que nous avons appelé contexte de justification ; un réseau constitué de croyances, de structures sociales mentalisées, d'émotions, de faits sélectionnés, de liens entre ces faits ; fait aussi d'une société israélienne avec ses kibboutz, sa guerre interminable et ses kilomètres de frontières menacées, avec son utopie égalitaire et le goût de l'échec, avec le sentiment de l'urgence et de la perte au quotidien. Mais cet objet hybride qu'est l'« oiseau du discours », ou l'« oiseau de la frontière jordanienne », ou encore l'« oiseau d'un pionnier palestinien », est aussi simplement un oiseau, irréductible à une série de faits sociaux. Et qui participe lui-même activement au discours théorique dont il fait l'objet.

Il y participe en offrant aux chercheurs une certaine manière particulière de se comporter. D'une certaine façon, il résiste aux tentatives explicatives traditionnelles. Le « cratérope dans le discours » représente l'heureuse conjonction entre une série de comportements anecdotiques en apparence, sans relations les uns avec les autres, et un regard particulier à la recherche d'autres formes de réponses aux questions habituellement posées aux oiseaux.

Une série d'observations de ces anecdotes de nature hétérogène apparaît dans les articles, à partir de 1973. À cette date, constatant que l'aide au nid est plus nocive que bénéfique, Zahavi est amené à reposer – en termes d'adaptation – la question de sa persistance. Il conclut en émettant l'hypothèse que le rôle de ces partenaires est un rôle bénéfique, voire impératif dans la défense du territoire, et que ces bénéfices peuvent expliquer les comportements sociaux des cratéropes[9].

9. Amotz Zahavi, « Communal nesting by Arabian babbler : A case of individual selection », *Ibis*, 116, 1973, p. 84-87.

En 1976, il note que la manière de prendre le cratérope dans la main peut provoquer chez ce dernier des réponses différentes et paradoxales[10] : à une prise douce répond un comportement agressif ; à une prise brusque, un comportement d'apaisement. Ces comportements sont interprétés par Zahavi comme des modes de gestion du conflit : la prise douce doit être comprise par le *babbler* comme un comportement de soumission qui entraîne une réponse de domination, la prise brusque appelle de sa part un comportement de soumission. D'autres observations montrent que les *babblers* ne vont pas réagir agressivement si un dominé interfère au moment de l'accouplement entre une femelle et le dominant. Précisons que le *babbler* ne s'accouple jamais en présence d'un membre du groupe. Dès lors, tout mâle subordonné qui déciderait d'empêcher un accouplement n'a qu'une chose à faire : apparaître au moment fatidique. L'enjeu est d'importance. Selon Zahavi, cette exigence d'intimité serait le fait des femelles. Grâce à cette tactique, une femelle peut ainsi vérifier la capacité d'un mâle à contrôler les autres membres du groupe en les empêchant d'interférer dans la relation. En d'autres termes, le futur père de la nichée doit montrer à la femelle son aptitude à protéger les œufs contre les éventuels saboteurs. Cependant, lorsqu'un congénère interfère dans la relation, la réaction du dominant ainsi empêché est étonnante, voire paradoxale : il résout le conflit par des moyens beaucoup plus subtils que la menace ou l'agression. Le mâle alpha s'approche du mâle bêta, lui présente de la nourriture, et va même jusqu'à le toiletter. La seule réprimande à laquelle le dominé peut s'attendre sera le « cri de la réprimande » lancé à son égard.

Il semblerait, écrit alors Zahavi, que ces modes de gestion indiquent que les *babblers* établissent un compromis entre les conflits nécessaires à l'établissement de la hiérarchie et leur inhibition, elle-même nécessaire à la coopération au sein du groupe.

---

10. Amotz Zahavi, « Cooperative nesting in Eurasian birds », *Proceedings of the 16th International Ornithological Congress*, édité par H. J. Frith et J. H. Calaby. Canberra, Australie, 1974, p. 685-693.

En 1977, les formes particulières du comportement altruiste lui deviennent évidentes[11] : non seulement elles ne se font pas au hasard, mais, de plus, elles peuvent être suivies de bien étranges réponses. Lorsqu'un congénère lui présente un cadeau en émettant le petit sifflement caractéristique de l'offrande, l'heureux bénéficiaire se fâche et agresse le pauvre altruiste. À l'égard d'un autre, qui lui proposait de le relayer dans son rôle de sentinelle en montant sur une branche au-dessus de la sienne, ce cratérope caractériel fit preuve de la même agressivité. Des observations semblables se multipliaient. Les chiffres apportèrent quelques précisions : 99 % des comportements d'offrande se font du dominant vers le dominé. Les autres sont, comme celui que nous relations, suivis de conflits[12].

Naissance d'une théorie éthologique

Au contraire de ce qui se passe chez de nombreux oiseaux, chez le cratérope c'est le donneur qui émet un signal particulier lors de la transmission de nourriture. Ces dons se font généralement dans des lieux très découverts, et tout porte à croire qu'ils sont de réelles exhibitions. J'ouvre ici une brève parenthèse pour souligner que cette fonction exhibitrice des comportements d'offrande n'est pas la seule lecture possible. J'ai pu observer une scène au cours de laquelle le signal du don – aisément reconnaissable – était émis par un aidant au nid sans que la nourriture ne soit donnée aux oisillons. L'aidant n'était pas visible par les autres adultes – le nid étant camouflé par un épais taillis –, mais parfaitement audible. À l'hypothèse zahavienne de l'exhibition que je lui soumettais, Jon,

11. Amotz Zahavi, « The cost of honesty », *J. Theor. Biol.*, 67, 1977, p. 603-605.

12. Ceci n'est pas sans rappeler un exemple de Lorenz (*L'Agression*, *op. cit.*) relatant le conflit qui peut advenir entre deux conjoints chez les pigeons, les oiseaux chanteurs et les perroquets, lorsque la femelle veut nourrir le mâle. Nourrir l'autre, suggère Lorenz, est non seulement un devoir social, mais en même temps un privilège réservé à l'individu de rang supérieur.

le zoologiste d'Oxford que j'accompagnais ce jour-là, opposa une alternative[13] : l'oiseau n'émettait pas un signal destiné au groupe, mais évaluait plutôt le besoin réel de la nichée en mesurant l'intensité de la réponse à sa proposition. Nous reviendrons plus loin sur la particularité de cette hypothèse. Pour qui s'intéresse à la manière dont une grille de lecture va affecter la récolte des données et leur interprétation, il faut remarquer que cette explication s'inscrit dans la lignée des théories sociobiologiques de Trivers. Celles-ci décrivent la relation coopérative entre les parents et les enfants comme présentant potentiellement un conflit d'intérêts : il s'agit d'une véritable guerre des générations au cours de laquelle, selon Trivers, l'enfant ne va perdre aucune occasion de tricher. Il va prétendre, par exemple, être bien plus affamé que ce qu'il n'est réellement. C'est donc dans l'intérêt des parents de vérifier, dans la mesure du possible, les besoins réels de l'enfant. On ne s'étonnera pas non plus de constater que c'est le modèle général de la « course aux armements » (oxfordien, selon Zahavi) qui donne son sens à cette hypothèse de lecture des comportements : nous nous trouvons en effet face à un comportement de *menteur*, voire un comportement parasitaire, auquel tente de répondre un « lecteur de pensée », qui joue, en quelque sorte, le rôle de l'hôte et tente de contrer les « manipulations » exercées à son égard.

Refermons cette parenthèse pour revenir à la lecture zahavienne de cette série d'anecdotes. Si les offrandes ou les remplacements dans les rôles de sentinelle sont autant d'occasions de conflits quand ils sont le fait des dominés, si les comportements dits altruistes s'effectuent de manière aussi univoque des dominants aux dominés, c'est qu'ils ont une fonction en relation avec la hiérarchie. Coopérer doit être un privilège, le signe d'un statut et ce, justement, parce

13. Il s'agit de Jonathan Wright. Pour être tout à fait précis, nous devrions mentionner le fait que Jon travaille actuellement à Cambridge, après de longues années passées à Oxford. Nous l'appelons néanmoins, à la suite de Zahavi, le zoologiste d'Oxford, parce qu'il présente, selon nous, de nombreuses caractéristiques oxfordiennes – dans ses théories et ses pratiques à tout le moins.

que la coopération est le signe de l'accès aux ressources, de la disponibilité en termes de temps, de force et d'énergie.

Si donner est un privilège et si, pour donner, il est nécessaire d'avoir, Zahavi en déduit que le don doit avoir une fonction exhibitrice. Il peut donc constituer un signal.

Dans ses premiers articles, Zahavi attribuait à l'établissement et au maintien de la hiérarchie la finalité de ce type de signaux. Les articles ultérieurs vont établir une distinction entre le statut hiérarchique (dépendant de l'âge) et le statut social (dépendant des performances individuelles)[14]. Quelques jours après l'éclosion, les oisillons de la même couvée vont déterminer le rang dans la hiérarchie au moyen de conflits. Ces conflits vont aller en diminuant, jusqu'à devenir extrêmement rares chez les adultes. Dans les systèmes sociaux simples, un rang hiérarchique élevé donne à l'individu le pouvoir d'obtenir à peu près ce qu'il veut des subordonnés. Mais dans les groupes plus complexes, comme c'est le cas des groupes coopératifs des cratéropes, les membres doivent passer des compromis, et même résoudre des conflits, par exemple autour du fait de déterminer qui a le droit de s'accoupler. Le statut peut donc nuancer la relation hiérarchique et favoriser les individus de rang inférieur. La possession d'un statut élevé, face à un individu dominant dans la hiérarchie, permet à l'individu hiérarchiquement dominé d'obtenir, de la part du dominant, des concessions. De même, lorsque deux cratéropes sont très proches dans la hiérarchie, par exemple parce qu'ils sont de la même couvée, le statut peut déterminer le degré de dominance,

14. Cette distinction n'a pas toujours été comprise et fut source de confusions. Zahavi l'explicite en utilisant l'exemple du professeur : la relation qui le lie aux étudiants est de type hiérarchique claire et déterminée très tôt dans l'échange. Par contre, le statut du professeur dépendra de nombreux facteurs liés à ses qualités propres. De ce statut dépendra la manière dont il sera traité et considéré : à un bon statut correspondront le respect et la déférence des étudiants. En revanche, un professeur qui aura un mauvais statut ne sera ni écouté ni respecté, voire se fera accueillir par le chambard, les rires et les huées. Notons que dans ses écrits ultérieurs Zahavi optera pour le terme « prestige ».

c'est-à-dire le pouvoir que l'un aura sur l'autre (le pouvoir étant défini par Zahavi comme l'accès aux ressources).

L'altruisme, en tant qu'exhibition performative du statut, serait dans cette perspective le mode de conciliation des deux exigences contradictoires que nous avions énoncées comme le problème à comprendre : il est le parfait compromis entre le besoin de coopérer et celui d'affirmer sa supériorité dans la compétition en vue de la définition de ce statut. Dès lors, les comportements altruistes seront considérés par Zahavi comme autant d'exhibitions de signaux de statut.

La stabilité d'un tel système ne peut cependant être assurée que si les tricheurs potentiels n'ont pas la possibilité d'utiliser de « fausses publicités » : le principe du handicap sera le corollaire nécessaire du système. Le handicap est défini comme constituant le coût de chacun de ces signaux qui expriment la valeur d'un individu. Il est la quantité d'énergie, le risque encouru, la quantité de ressources utilisées, le fardeau que représente chacun des comportements « publicitaires ». En cela, il est le signe que l'individu a les moyens d'assumer de telles dépenses en termes d'énergie, de risques ou de ressources.

Le coût, dans cette perspective, ne se résume pas à être une simple conséquence du signal, il en est la composante même, une composante fiable du système de communication qui indique la valeur de l'individu. Ainsi, si le comportement altruiste est le compromis optimal entre la nécessité de préserver la disponibilité et l'intégrité physique des partenaires et la nécessité de faciliter son propre accès aux ressources, il est en même temps un indice fiable des qualités du mâle aux yeux des femelles.

Cette lecture des comportements en termes de ce que je nommerais une « exhibition performative » du statut social avait déjà été proposée dans la littérature traitant des comportements sociaux chez l'humain[15] : certaines théories du potlatch peuvent y être

15. J'utilise ce concept en référence aux théories des actes du langage de John Langshaw Austin, et plus spécifiquement aux actes performatifs, pour rendre

rattachées. L'interprétation du don chez l'enfant, que proposait S. Isaac, évoque le sentiment de puissance éprouvé par l'enfant du fait d'être assez fort pour ne pas être égoïste. Goldstmidt pense que la résolution des conflits entre l'intérêt du groupe et l'intérêt individuel dans les sociétés primitives ne se fait que grâce à l'implication particulière des participants sous la forme d'un besoin primaire de reconnaissance, d'approbation, d'estime et de dominance, etc. Certains textes de Lorenz sur les choucas pourraient être relus à la lumière de ce type d'explication[16].

Les photographes animaliers Jim et Kathy Bricker avaient été étonnés de la bravoure manifestée par certains corbeaux qu'ils photographiaient. Bravoure d'autant plus étonnante que ceux-ci volaient de la nourriture à des loups réunis autour d'une carcasse, et s'en désintéressaient en l'absence des loups. Si le chapardage n'était pas corrélé à la faim, comment comprendre une telle audace ? Bernd Heinrich émit l'hypothèse que ce genre d'action serait destiné à améliorer le statut social de ceux qui les émettent[17]. Dans le même ordre d'idée, Tore Slagsvold a montré que lorsque l'on place un leurre de prédateur sur le sol auprès de

---

compte à la fois de la composante exhibitrice (*display*) et de l'aspect dynamique de cette parade, puisqu'elle peut, dans sa manifestation même, changer le statut social de celui qui l'émet. On pourrait voir ici un parallélisme avec le paradigme performatif dont parlent Strum et Latour dans leur article traitant du lien social chez les babouins (Shirley Strum et Bruno Latour, « Redifining the social link : from baboons to human », *Social Sciences Informations*, 26, 4, 1987, p. 783-802). Il s'agit, en fait, d'une heureuse coïncidence. Je ne connaissais pas encore ce concept lorsque j'écrivais la première version de ce manuscrit. Le paradigme évoqué par Strum et Latour désigne le cadre conceptuel qui permet de définir une société comme le produit de la créativité des acteurs sociaux eux-mêmes. Ainsi les babouins construisent activement leur société en la négociant au cours d'interactions complexes. Cette définition ne recoupe pas celle de l'exhibition performative. Cependant, l'analyse d'une société de cratéropes montre que l'exhibition performative, en tant qu'outil du compromis, est le mode de négociation d'une société créé par les acteurs eux-mêmes. Les deux concepts, dès lors, ne sont pas tant étrangers.

16. Notamment celui de 1969 : Konrad Lorentz, *L'Agression*, *op. cit.*

17. Bernd Heinrich, *Ravens in Winter*, Barrie & Jenkins, Londres, 1990.

corbeaux, on crée une compétition entre mâles pour le privilège d'attaquer le leurre, et généralement chasser les éventuels coattaquants[18]. Certaines attaques contre les autres *mobbers* peuvent même conduire à la mort de congénères et au désintérêt total pour le leurre. J'émets cependant une réserve par rapport la valeur de cette dernière donnée : si le leurre n'en était pas un, s'il s'agissait donc d'un vrai prédateur, on pourrait penser que le désintérêt à son égard aurait des conséquences telles qu'il ne pourrait être longtemps maintenu[19]. Ces théories ont reçu un accueil assez réservé dans la mesure où elles allaient à l'encontre des théories générales expliquant le rameutage ou *mobbing*[20].

Le principe du handicap et la sélection sexuelle

Nous avons signalé plus haut que les comportements altruistes constituaient : 1. un compromis optimal entre des exigences contradictoires, mais aussi 2. une exhibition performative du statut, 3. un moyen de se faire remarquer des femelles. En ce dernier sens, ils peuvent être considérés comme des caractères sexuellement attrayants. Cet investissement du mâle dans le but de se faire remarquer des femelles est comparable au handicap pris par des compétiteurs de manière à augmenter la crédibilité de leurs revendications de supériorité. L'extravagance devient, dans cette perspective, l'élément constitutif du signal lui-même.

Les théories classiques qui attribuaient à l'extravagance un rôle de stimulus préférentiel, voire de stimulus supranormal dans le

---

18. Tore Slagsvold, « The mobbing behavior of the hooded crow *Corvus coron cornix :* anti-predation defence or self-advertisement ? », *Fauna Nor. Ser. Cindis*, 7, 1984, p. 127-131.

19. On imagine en riant la scène de dessins animés que cela donnerait si ce n'était pas le cas : un prédateur hurlant « et moi, qu'est-ce que je fais ici ?! » devant des corbeaux en bataille. Je relève ceci parce que le rire, dans sa fonction bergsonienne, met le doigt exactement sur l'un des défauts de ce type d'expérimentation : il s'agit de mécanique plaquée sur du vivant.

20. Terme utilisé pour désigner le fait que plusieurs oiseaux se regroupent et peuvent ainsi harceler, voire attaquer un animal qui les menace.

choix des femelles, ne pouvaient expliquer comment elle jouait en même temps un rôle dans l'intimidation des rivaux. Cette difficulté mena les auteurs héritiers de Darwin à envisager la sélection sexuelle comme un processus distinct de la sélection naturelle et parfois même en contradiction avec elle. En effet, les signaux retenus par la sélection sexuelle ne semblent pas obéir aux mêmes règles d'efficience et d'économie : au contraire, et nous y avions déjà fait allusion, du fait de leur extravagance, on considéra comme des phénomènes de « gaspillage », de « non-sens », ces « productions de formes bizarres », inutiles parce qu'elles ne profitent pas à l'espèce[21].

Gaspillage et fiabilité

Avec le principe du handicap, le gaspillage lui-même définit le signal. Souvenons-nous que nous sommes dans une optique selon laquelle toute relation coopérative implique potentiellement un conflit d'intérêts : ainsi, lorsqu'une femelle doit choisir un mâle, son intérêt n'est pas nécessairement celui du mâle. Celui-ci agira pour être choisi, lui, tandis qu'elle devra choisir celui qui lui assurera le meilleur succès reproducteur. Dans ces conditions, la femelle ne devra pas répondre à des signaux non fiables[22]. Si on considère la variété de caractères imposés par la sélection sexuelle, on constate qu'ils représentent presque tous un handicap pour la survie. Or l'animal qui en est porteur a survécu. Le handicap serait comme un test imposé à l'individu : une femelle confrontée à deux mâles, dont l'un porte un handicap lourd, et l'autre une parure moins encombrante ou moins voyante, choisira au mieux de ses intérêts – en termes de succès reproducteur – le plus handicapé des deux, parce que son handicap est le signe fiable qu'il a réussi l'épreuve. Le handicap est donc une publicité fiable arborée par le mâle. S'il n'y avait aucun lien génétique entre les

21. Konrad LORENZ, *L'Agression*, *op. cit.*, p. 46 et 47.

22. R. Dawkins (*Le Gène égoïste*, *op. cit.*) dira qu'elle ne doit pas confondre de gros muscles et de fausses épaulettes mises sous le veston.

caractères sexuels secondaires (la parure, les ramures) et la qualité réelle de celui qui les porte, « la porte serait ouverte au bluff[23] ». Celui qui reçoit un signal va agir au mieux de ses intérêts s'il peut vérifier la fiabilité de l'information encodée dans les signaux qu'il reçoit, et ne répondra pas aux signaux qui ne lui semblent pas suffisamment fiables.

On comprend, dès lors, que le handicap conçu comme tel sera non seulement le signal fiable de la qualité du mâle vis-à-vis de la femelle, mais également face aux rivaux. Et, dans ce cas aussi, ce signal est fiable, parce que le coût de son utilisation est tel qu'il outrepasse le gain potentiel que l'animal aurait à tricher. Sortir au grand jour en arborant des couleurs voyantes ou des manifestations vocales bruyantes est risqué, parce que les couleurs et le bruit ne peuvent manquer d'attirer le prédateur ou le rival potentiel. L'individu qui a survécu à ce type de stratégie indique, par la stratégie même, qu'il a les « moyens » de l'assumer. Ceci constitue le coût du signal, sa composante fiable. Le chant d'un oiseau est un indicateur fiable, par sa durée et son intensité, de son état de santé et de la disponibilité des ressources à sa disposition[24]. Une lourde ramure ou une queue encombrante constituent un signe fiable de la vigueur physique de celui qui porte un tel fardeau.

Le principe du handicap établirait à ce titre une connexion logique entre les modèles particuliers du signal et le message qui y est encodé[25]. Ceci signifie, que pour chaque message, il y a un

23. Amotz Zahavi, « Mate selection – a selection for a handicap », *J. Theor. Biol.*, 53, 1975, p. 205-214.

24. « Les qualités expressives, ou matières d'expression sont forcément appropriatives, et constituent un avoir plus profond que l'être [...]. Messiaen a raison de dire que beaucoup d'oiseaux sont non seulement virtuoses mais artistes, et le sont d'abord par leurs chants territoriaux (si un voleur "veut occuper indûment un endroit qui ne lui appartient pas, le véritable propriétaire chante, chante si bien que l'autre s'en va [...]. Si le voleur chante mieux, le propriétaire lui cède la place") », Gilles Deleuze et Félix Guattari, *Mille plateaux*, *op. cit.*, p. 389.

25. Amotz Zahavi, « The fallacy of conventional signalling », *Phil. Trans. R. Soc. Lond.*, B. 340, 1993, p. 227-230.

signal optimal qui amplifie le mieux l'asymétrie entre un signaleur « honnête » et un « tricheur »[26].

Évolution des signaux

L'importance du coût dans l'évolution du signal est telle que les signaux peuvent ne plus être opérants si ce coût est éliminé ou diminué de manière importante. Sur un territoire infesté de prédateurs, des couleurs vives peuvent jouer le rôle de signal de la capacité d'échapper à la prédation. L'augmentation du risque est compensée par les bénéfices (en termes de succès reproducteur) tirés du fait que l'animal exhibe sa capacité à échapper à ces risques[27]. Si l'espèce migre vers un espace dénué de prédateurs, contrairement aux prédictions de Lorenz concernant les conséquences d'une sélection intraspécifique jouant seule[28], les couleurs devraient perdre leur valeur d'avertissement, et donc s'atténuer. Ceci semble avéré dans l'exemple donné par David Lack : les canards vivant sur des îles sont moins vivement colorés que les espèces parentes continentales. Ernst Mayr avait suggéré que cette perte de couleurs était la conséquence de la diminution des risques d'hybridation, puisque les canards insulaires ne sont plus en contact avec les espèces proches parentes. La théorie des signaux propose une

26. Signalons en passant que, dans toute la littérature recensée, aucun auteur ne place ces termes entre guillemets. Il semble que le consensus autour du sens technique soit suffisamment établi pour ne plus poser problème. Cela mériterait une réflexion que je n'entamerai pas ici. Je garderai néanmoins les guillemets, consciente de m'adresser à un public extérieur à ce domaine particulier. Mais j'ai peut-être tort, dans la mesure où de très nombreux autres termes de mon exposé les mériteraient tout autant, et j'accepte par avance la critique du « deux poids, deux mesures ».

27. Voir plus loin pour la relation proie-prédateur dans laquelle ces signaux présentent aussi une valeur.

28. Lorenz pensait que l'extravagance est le résultat d'une sélection intraspécifique jouant sans le frein de la sélection extraspécifique (les prédateurs). Si le rôle de frein n'est pas assuré, les extravagances apparaissent sous la forme de plumes bariolées ou d'attributs voyants que plus rien ne sanctionne.

hypothèse alternative[29] : sur le continent, les risques de prédation ont joué le rôle de pression sélective en faveur de plumages bariolés, parce que ceux-ci sont un signal fiable de la qualité des individus qui en sont porteurs. L'absence de prédateurs dans les conditions insulaires a entraîné la disparition de cette pression sélective et des caractères qu'elle favorisait.

Les couleurs comme les ensembles spécifiques de décoration ont généralement été interprétés comme des signaux conventionnels permettant d'identifier l'espèce, l'âge ou le genre de l'individu. Selon Zahavi, ce rôle serait secondaire, les signaux conventionnels représentant plutôt le modèle, le standard permettant à chaque individu d'inférer, à partir des variations que ces standards mettent en évidence, les qualités des autres. Les décorations sont donc des messages qui apportent des informations sur certaines caractéristiques de l'individu : un point au milieu d'un cercle met en évidence sa circularité, une ligne médiane permet de déceler les asymétries[30]. Elles jouent un rôle d'amplification des différences et constituent une source d'informations pour le partenaire potentiel. De la même façon que les rituels constituent un modèle commun permettant d'exprimer – et d'être informé – des variations individuelles, les décorations conventionnelles constitueront le révélateur de la qualité différentielle, et seront sélectionnées en tant que signaux fiables.

Les comportements altruistes seront donc considérés comme des comportements fonctionnant selon le principe du handicap. Ils sont le signe que l'individu « a les moyens » : donner de la nourriture est un signal fiable de l'accès aux ressources, avertir d'un danger est une manière d'afficher le fait d'assumer certains risques.

---

29. Amotz Zahavi, « The theory of signal selection and some of its implications », *loc. cit.*

30. Amotz Zahavi, « Decorative patterns and the evolution of art », *New Scientist*, 80, 1978, p. 182-184. La symétrie serait un critère de choix de la part des femelles. Les anomalies qui l'affectent seraient le résultat de stress au cours de l'ontogenèse. Le rouge à lèvres des femmes jouerait, selon Zahavi, le rôle de mise en évidence de la perfection de la bouche.

Les comportements altruistes constitueront donc les handicaps par lesquels un individu clame sa supériorité, et le système coopératif se définira avant tout comme un système hautement compétitif.

Assez paradoxalement, la théorie des signaux va par ailleurs insister sur l'intérêt commun qui peut exister entre une proie et un prédateur. Le paradoxe disparaît cependant si l'on considère la théorie de la sélection des signaux dans le cadre d'une interaction : le signal évolue comme le résultat de l'intérêt commun des parties, même si elles sont en conflit, et ne sera sélectionné que s'il favorise l'émetteur et le récepteur. Le récepteur évite de réagir aux faux signaux, ce qui conduit généralement à l'évolution de signaux fiables.

Une population de proies se compose de phénotypes différents, dont certains sont plus vulnérables que d'autres. Si le prédateur essaie d'attraper une proie peu vulnérable, il perd du temps et de l'énergie. Il révèle aussi sa présence à d'autres proies potentielles. En somme, il risque de rentrer bredouille. Les proies inutilement poursuivies perdent, elles aussi, du temps et de l'énergie. Il sera dès lors, « de l'intérêt des deux, à la fois le prédateur et la proie non vulnérable, que cette dernière s'identifie de manière claire au prédateur[31] ». Pour être sélectionnée, cette identification doit être fiable ; le signal doit être conçu de telle manière qu'elle permette au prédateur de classer sa proie en fonction de sa vulnérabilité. Ainsi les bonds (*stotting*) de la gazelle, autrefois interprétés comme un acte altruiste d'alarme à l'attention des congénères, seront considérés, dans cette théorie, comme un signal qui s'adresse en fait au lion : le saut ostentatoire semble, dit Dawkins, commentant Zahavi, une véritable provocation à l'égard du lion. Il témoigne en fait de la vigueur et de la santé de la gazelle et constitue, pour le lion, l'indice fiable de l'invulnérabilité de sa proie, comme si elle lui disait (preuve à l'appui), et en style dawkinien : « Regarde comme je peux sauter haut, je

31. Amotz ZAHAVI, « The theory of signal selection and some of its implications », *loc. cit.*, p. 307.

suis une gazelle saine et en bonne condition, tu ne peux donc pas m'attraper, il serait plus sage pour toi que tu choisisses ma voisine qui ne saute pas aussi haut que moi[32]. »

Ces échanges d'information que sont les signaux semblent donc dépasser largement le cadre strict de la reproduction pour s'étendre à tous les domaines de la vie de relation des organismes vivants[33].

Reprenant la distinction de Darwin, Zahavi fait l'hypothèse qu'il y aurait donc bien deux processus sélectifs distincts. Mais, pour rendre compte de l'extravagance de la transmission de certaines informations – dans et en dehors du cadre de la reproduction –, il est plutôt nécessaire d'invoquer un mécanisme plus vaste que celui de la sélection sexuelle, dont elle ne sera qu'un sous-ensemble : le mécanisme de la sélection des signaux.

---

32. Rihard DAWKINS, *Le Gène égoïste*, *op. cit.*, p. 171.

33. Nous n'avons abordé ici que quelques-uns des exemples auxquels cette théorie pense pouvoir s'appliquer. Son principe explicatif s'étend à tout le vivant, y compris les échanges cellulaires au sein de l'organisme. Zahavi travaille à l'application de la théorie à la signalisation chimique, notamment chez les peptides messagers dans les phases de reproduction de la levure.

4

MODÈLES ET MÉTHODES. ESQUISSE D'UNE ÉTUDE DE TERRAIN

C'est la lecture d'un article de Zahavi consacré aux cratéropes[1] qui m'avait menée à poser la question de savoir si les cratéropes étaient des oiseaux particulièrement extraordinaires – avec leurs danses, leurs jeux, leurs disputes et leurs compétitions pour le privilège d'être altruiste –, ou si c'était le regard particulier que Zahavi portait sur eux qui leur conférait cette originalité[2]. En effet, la littérature que je recensais à l'époque décrivait, généralement de manière relativement sobre, des espèces d'automates sans créativité, présentant des comportements plutôt conventionnels dans ce contexte. Pour répondre à mes nouvelles questions, je devais me rendre sur place, poser ces questions, lire et regarder.

Je ne créerai pas de suspense… et tout ce qui précède laisse présager ma réponse. Décevante, sans doute, évidente en tout cas pour ceux qui me lisent, elle m'apparut merveilleuse de complexité, parce qu'elle préservait les deux pôles de mon interrogation, qu'elle ne réduisait pas l'un à l'autre, et qu'elle n'épuisait aucune des significations. Les cratéropes sont des oiseaux peu ordinaires, et les théories de Zahavi émergent dans des contextes de justification peu communs.

---

1. Amotz Zahavi, « Arabian babblers », *loc. cit.*

2. Vinciane Despret, « Ecology and ideology : the case of ethology », *International Problems*, 63, 3-4, 1994, p. 45-61 ; *idem*, « L'idée de société en éthologie », *Cahiers d'éthologie*, 13, 4, 1995, p. 435-468 ; *idem et alii*, *L'Homme en société*, PUF, Paris, 1995.

Équilibre et grand partage

Un ironiste me dira que les oiseaux m'ont paru extraordinaires parce que je les voyais avec le regard de Zahavi. J'étais moi-même cet ironiste en arrivant au Centre. Il a raison, j'ai eu raison, mais il faut aller au-delà de ce constructivisme injuste pour le pôle « nature » : tous les oiseaux ne dansent pas, et tous n'ont pas cette structure sociale élaborée… Et d'abord, tous les oiseaux ne vivent pas quinze ans. Rares sont aussi les oiseaux qui se laissent approcher d'aussi près. Arrêtons-nous ici, juste un instant, et regardons ce qui vient de se passer : nous venons, sans nous en rendre compte, de glisser de l'oiseau à l'observateur, et nous nous situons juste dans l'espace qui les unit. C'est dans cet espace, géographique et relationnel, que peut émerger la double question. La duplicité essentielle et impérieuse de cette question est celle qui transforme toute recherche en une recherche éthique, esthétique et éthologique : « Qui suis-je, comment est mon regard pour que tu m'apparaisses tel que tu es ? », ainsi que : « Qui es-tu pour que je te voie ainsi ? » La première question sans la seconde nous ramène à un constructivisme stérile, la seconde sans la première à un réalisme dogmatique. Ensemble, elles forment l'instant de l'équilibre, le meilleur moment pour penser les choses en termes dynamiques, relationnels et complexes. Ces moments de l'équilibre dans l'espace qui unit les objets naturels et les questions qui les interrogent sont ceux qui, sans doute, contribuent à effacer le grand partage moderne entre nature et culture. Et, avec lui, le grand partage entre humain et animal se trouve à son tour sérieusement remis en cause : Stengers voit dans les hérésies des nouveaux primatologues (comme celles de Shirley Strum) les signes de cette remise en question[3]. En laissant les babouins répondre à d'autres questions que celles qui sont traditionnellement posées aux non-humains, en leur accordant, par exemple,

3. Shirley Strum, *Voyage chez les babouins*, trad. François Simon-Duneau, Seuil, coll. « Point-Sciences », 1995.

des compétences sociales qui ne soient plus le simple produit de l'obéissance à des règles spécifiques, mais bien le fait de leur créativité dans la construction de liens sociaux, ces primatologues me semblent dessiner les structures d'un espace de l'équilibre.

Que s'est-il passé là pour qu'on en vienne à abandonner les anciennes questions pour en formuler de nouvelles ? La réponse que suggère Stengers nous ramène à notre point d'ancrage, au nœud de notre problème, à ce que nous avions dit du rituel et de la danse : la primatologue a su abandonner la recherche des invariants auxquels doivent obéir les individus, de la même manière que le rituel et la danse ont mené Zahavi à questionner, par-delà les similitudes spécifiques, la singularité individuelle. Si l'on s'attarde quelques instants à la recherche de Shirley Strum – à ce que Stengers appelle sa *quête de la pertinence* – telle qu'elle est relatée à la fois dans son livre *Voyage chez les babouins* et dans l'article écrit en collaboration avec Bruno Latour, on aperçoit un parallélisme des questions avec celles qui se posent ici pour les cratéropes[4] : lorsqu'elle est confrontée à des divergences surprenantes entre ce qu'elle voit chez ses babouins et ce que les données de ses collègues et la littérature en général l'avaient préparée à voir, Strum conclut que chaque troupe de babouin s'écarte de la norme. Mais cette conclusion n'est pas sans poser problème. Dans sa tentative de trouver une solution à la « variabilité au sein de l'espèce », Strum envisage deux possibilités : elle pourrait, avec la première, « rejeter les données et les opinions des observateurs ! Une prise de position commune défendit l'idée que les babouins des premières enquêtes ne se comportaient pas différemment, mais que simplement ils n'avaient pas été étudiés correctement[5] ». Une autre issue au dilemme serait – et c'est la position qu'elle et Bruno Latour proposent d'adopter – de remettre en cause à

4. Shirley Strum et Bruno Latour, « Redéfinir le lien social : des babouins aux humains », *in* Madeleine Akrich, Michel Callon et Bruno Latour (dir.), *Sociologie de la traduction. Textes fondateurs*, Presses des Mines, Paris, 2006, p. 65-80.

5. *Ibid.*, p. 69

la fois l'épistémologie et l'ontologie qui fondent la recherche, de se placer dans une position qui tient à la fois compte du sujet observateur, de ses modes de connaissance et de définition de l'objet (le paradigme), et de l'objet lui-même, devenu sujet à son tour : « [...] la définition traditionnelle, ostensive, de la société babouine n'a pas pu prendre en compte la variété des données sur la vie sociale de ces primates. Par conséquent, certaines informations ont été traitées comme des "données" et d'autres comme des incongruités à ignorer [...]. » « Les babouins performant la société pourraient aussi fournir une interprétation plus cohérente des données dont nous disposons maintenant sur l'ensemble des populations et sur les autres primates[6]. » Il ne s'agit donc pas seulement d'admettre, comme dans de nombreuses controverses en éthologie, que les capacités de l'observateur peuvent, à elles seules, expliquer les écarts à la norme, mais d'élargir les paradigmes, afin de les rendre plus souples, plus ouverts face à la différence, à la variété voire aux contradictions. Substituer le paradigme performatif au paradigme de l'extériorité au niveau épistémologique entraîne des bouleversements intéressants au niveau de l'ontologie issue de la recherche : d'autres « êtres » acquièrent le droit à l'existence, les objets deviennent sujets. C'est ici aussi que s'ouvre, chez les primatologues, ce que nous avons repéré comme un espace d'équilibre entre le pôle de la subjectivité et celui de l'objectivité, de la nature et de la culture, du regard et de l'objet regardé.

De la même manière que le babouin a pu imposer aux primatologues le fait de changer les questions, le cratérope a offert à Zahavi l'occasion de poser les questions autrement. Nous situons ici, de manière quelque peu artificielle, notre réponse du côté du cratérope, sujet actif de la relation qui unit le chercheur et son objet d'étude. L'espace de l'équilibre se situe plutôt dans la relation même qui unit un sujet actif et un observateur qui l'est aussi, dans le jeu des questions et des réponses qui caractérise le

6. *Ibid.*, p. 71-72.

lien créé entre eux. Cet espace de l'équilibre peut, me semble-t-il, se décrire partiellement dans les méthodologies : ce sont elles, en effet, qui donnent un cadre et des outils aux questions aussi bien qu'aux réponses.

Méthodologies a priori *et* a posteriori

Lorsqu'on analyse la relation entre les conceptions qui sous-tendent la recherche des similitudes spécifiques et les méthodologies utilisées pour les observer, un terme commun à l'objet et ses catégorisations et à la manière de se rendre sur le terrain apparaît : c'est celui de l'*a priori*. Les invariants comportementaux sont, en quelque sorte, les *a priori* du programme et des mécanismes innés de déclenchement de ces programmes : Lorenz ne se déclare-t-il pas l'héritier de Kant lorsqu'il considère que l'organisation du comportement est *a priori*[7] ?

À ces *a priori* correspondent certaines méthodologies qui peuvent, elles aussi, mériter le nom d'aprioristes quoiqu'elles n'en soient ni la conséquence ni la condition. Les caractéristiques générales de la méthode peuvent cependant faciliter la perception des invariants. Le chercheur muni d'une méthodologie aprioriste va sur le terrain avec une hypothèse à laquelle il entend soumettre les faits (le terme soumission garde ici toute son ambiguïté). Cette méthodologie se fonde sur des recherches antérieures et organise le travail sur des hypothèses élaborées à partir de ces théories. Jon, le chercheur d'Oxford, ne peut, par exemple, pas concevoir que l'on puisse aller sur le terrain sans avoir une hypothèse à tester.

L'aprioriste va donc rechercher les réponses aux questions du « comment ». Son atout sera la régularité du réel : les invariants peuvent constituer cette régularité rêvée. C'est ainsi que la démarche et le pôle d'intérêt vont se trouver dans un système de résonances, un système en miroir. L'aprioriste aura plus volontiers recours à l'expérimentation : la manipulation des variables

7. Konrad Lorenz, *L'Envers du miroir*, Flammarion, Paris, 1975, p. 16.

– pour comprendre le réel en lui résistant (selon les mots de Gaston Bachelard[8]) – constituera pour lui la bonne méthodologie pour mesurer et comprendre les invariants. La méthode du leurre l'illustre à merveille. À l'œuf de l'oiseau on peut substituer un œuf plus gros, plus petit, plus rouge, ou que sais-je encore, qui permette de faire varier ces invariants, c'est-à-dire la réponse instinctive ou préprogrammée de l'oiseau face au stimulus signal que représentent certaines caractéristiques de l'œuf. Face à la variété, l'aprioriste va expérimenter la variation en s'écartant des conditions ordinaires de l'observation. L'aprioriste, d'une certaine façon, impose au réel sa question et les limites de la réponse, comme le programme impose à l'organisme ses questions (les stimuli signaux jouant comme des clés dans une serrure) et les comportements qui y répondent (les réponses innées). En ce sens aussi, les méthodologies et les objets entrent en résonance, créent un isomorphisme et forment un effet de miroir.

Si nous envisageons les démarches sur un *continuum*, nous retrouvons à l'opposé de la procédure aprioriste, celle de l'apostérioriste[9]. La démarche de Zahavi l'illustre bien. La référence du terme à « ce qui se sait après l'expérience » renvoie ici non pas à l'expérience de l'expérimentateur, mais à l'expérience la plus commune. Avant d'aller sur le terrain, aucune hypothèse n'est formulée de manière explicite. Il s'agit de s'y rendre avec la seule intention de voir ce qui va s'y dérouler dans un premier temps, et d'émettre *a posteriori* des hypothèses et des interprétations au sujet de ce qu'on a vu, donc seulement dans un deuxième temps. Bien entendu, les hypothèses ne sont pas totalement absentes, mais restent généralement implicites, et débordent du cadre de l'hypothèse première stipulant qu'il y a quelque chose à voir. Chez Zahavi, on peut, par exemple, penser que l'influence de la théorie de la sélection individuelle s'accompagne de quelques

8. Gaston BACHELARD, *La Formation de l'esprit scientifique*, Vrin, Paris, 1989.

9. Je remercie Ezio Tirelli d'avoir, lors d'une discussion sur le sujet, souligné cette distinction.

énoncés expectatifs. Cette démarche ressemble, à de nombreux points de vue méthodologiques et théoriques, à la démarche anthropologique.

L'apostérioriste récolte des faits anecdotiques et tente de leur donner un sens en créant des liens entre ces faits. Plutôt qu'à la variation, c'est à la variété qu'il s'attache, et sur elle qu'il fonde son expérience au sens d'expérience commune. Zahavi critique, par exemple, la théorie des jeux évolutionnaires parce qu'elle ne rend pas compte du fait que les animaux sur le terrain « réagissent de manières hautement variables, avec des réactions qui semblent plutôt déterminées par les informations récoltées que par un programme préinstallé activé par de simples signaux arbitraires[10] ».

Bien sûr, cette polarisation est un artifice, et l'on ne rencontre pratiquement jamais une démarche totalement pure. L'illustration la plus éclairante se trouve chez Lorenz qui peut passer, au sein d'une même recherche, d'un extrême à l'autre du *continuum*. Bien qu'animé d'une théorie en termes d'*a priori* – les invariants comportementaux du programme inné –, Lorenz peut adopter, sur le terrain, la double démarche : la démarche anthropologique et la démarche aprioriste et expérimentale de recherche des invariants. Ses recherches sur l'empreinte (*imprinting*) lors de la réaction de suite (*following*) chez les oies constituent un exemple frappant de cette hybridation des démarches et des objets. Pour rappel, la théorie relate le fait qu'une jeune oie, quelques heures après sa naissance, connaît une période critique au cours de laquelle elle suivra tout objet en mouvement à proximité.

La théorie elle-même porte la marque de l'hybridation des méthodes, puisqu'elle interprète l'empreinte comme résultant de la conjugaison d'un programme inné invariant quant à sa forme et de mécanismes d'apprentissage ouverts quant à leur objet. L'hybridation de la théorie reflète ainsi fidèlement celle des

10. Amotz Zahavi, « Some comments on sociobiology », *The Auk*, 98, 1981, p. 412-415.

objets : l'expérience de manipulation des variables en jeu joue sur les deux tableaux. Comme démarche expérimentale, elle vérifie son hypothèse, et met en évidence la réponse innée, *a priori*, de l'oison ; comme démarche anthropologique, elle met en évidence ce qui est acquis par l'oison « par expérience », ce qui déborde du cadre des invariants, ce qu'on pourrait appeler alors les *a posteriori* du comportement. Cette démarche est d'autant plus anthropologique que Lorenz joue, lui-même, le rôle du leurre, utilisant dès lors, de manière quasi anthropologique, la relation particulière établie avec le sujet de son expérience, la jeune oie qui le prend pour sa mère.

Les deux pôles conjoints des objets et des méthodologies se reflètent ainsi dans cette opération particulière : la démarche expérimentale met en évidence les *a priori* du programme (la réponse innée de suite), la démarche apostérioriste ou anthropologique révèle, quant à elle, la variété que n'avait pas prévue ce programme. Elle laisse émerger un espace pour la surprise et la créativité.

L'enquête et le procès

D'autres différences peuvent apparaître de part et d'autre de notre *continuum*, qui donnent à chacune des démarches ses caractéristiques propres. Celles-ci apparaissent dans ce qu'on peut appeler les procédures de recherche et de construction des théories. L'aprioriste, dont on nous dit qu'il fixe au réel les cadres stricts de sa réponse, ne se fie pas à ce que le réel lui raconte : la duplicité des causes, les évidences de l'opinion constituent autant d'occasions de mal penser. Il imposera au réel de reprendre l'histoire encore et encore. Il attendra de lui qu'il ne se coupe pas, que ses versions soient fidèles, que la régularité des écarts par rapport à la réponse originale (celle obtenue sans le leurre) lui confirme son hypothèse. Ce n'est pas seulement le réel qui est mis en procès, c'est lui-même dans sa relation avec les objets (témoins) et les hypothèses décrivant un système de causes et d'effets.

Tester le réel renoue avec l'étymologie qui désigne la procédure : il s'agit vraiment de mettre son témoignage à l'épreuve, comme dans un procès judiciaire.

L'altruisme, étudié par l'apostérioriste, doit quant à lui, faire l'objet d'une enquête minutieuse : il faut récolter les indices qui contredisent l'innocence des comportements, chercher, au-delà des apparences, le sens, la mise en relation de faits apparemment non liés.

Au *procès* de l'expérimentateur correspond alors l'*enquête* de l'apostérioriste. L'enquête qui s'attache à la variété plutôt qu'à la variation n'est cependant pas sans poser des difficultés. En effet, comment, à partir d'elle, émettre une quelconque interprétation explicative ? Si le procès de la variation se résume à la confrontation des fictions pour les évincer, l'enquête de la variété ne dévoile ni significations ni critères qui permettent de départager entre ces fictions. L'hypothèse résulte d'une mise bout à bout d'observations hétérogènes qui font sens une fois accolées, mais elle ne peut rallier l'opinion que sur le principe de l'adhésion à une fiction.

J'ai appelé cette manière de procéder « enquête », non seulement parce qu'elle se situe comme le moment antérieur et différent du procès, mais aussi parce qu'elle se présente sous les traits et caractéristiques de l'enquête policière des maîtres du suspense : le chercheur non seulement met bout à bout des faits hétérogènes mais, surtout, il met en présence des faits « qui ne collent pas » avec certains des témoignages ou encore, qui « ne collent pas » entre eux. Souvenons-nous de la manière dont la chronologie de la théorie se déroule quand je l'ai présentée : à la question de savoir comment un oiseau aussi altruiste n'a pas convaincu Zahavi de la pertinence de la théorie de la sélection de groupe, on répond, en quelque sorte, que Zahavi ne croit pas en l'« innocence » des *babblers.* Et pour cause, trop d'éléments troublants, trop de faits qui « ne collent pas » et qui, mis bout à bout, commencent à faire sens et à désigner ce qui est réellement en train de se passer (dans l'hypothèse où Zahavi a raison) : l'aide au nid est plus nocive que bénéfique ; à une prise douce de la main correspond un comportement agressif, et inversement ; la réprimande des dominants à un congénère qui interfère prend les formes étranges des cadeaux et du toilettage ; tout le monde dans le groupe ne peut pas faire des offrandes, certains cadeaux, mais pas tous, débouchent sur des conflits ; les danses ont toujours lieu quand « il ne faut pas, où il ne faut pas ». N'est-ce-pas ainsi, par une récolte minutieuse de petites choses qui ne devaient pas se trouver là, ou qui disent autre chose que ce qu'elles ont l'air de dire, que se pratique l'enquête policière ?

Au *procès* de l'expérimentation, confrontation de toutes les fictions, répond ici l'*enquête*, fiction elle-même, construction fictionnelle et hypothétique qui ne peut avoir plus de pouvoir que celui de convaincre, par le seul fait de ce qu'elle propose. Ce fut pendant longtemps une des raisons de l'indifférence ou de la méfiance des milieux scientifiques à l'égard de la théorie de Zahavi.

Le procès sur le mode de la variation offre, quant à lui, le dispositif de confrontation de ces fictions, c'est-à-dire le dispositif expérimental qui, comme l'a défini Stengers, les met à l'épreuve et permet de les départager[11]. Une fiction qui évince les autres peut emporter l'adhésion des autres chercheurs.

Soyons peut-être plus concret et rendons-nous, le temps d'un procès, sur les lieux de la mise à l'épreuve des fictions éthologiques. Cette description permettra de saisir toute la différence entre les deux démarches.

L'expérimentation comme lieu du procès

La manipulation du réel est une manière de vérifier le « comment » de ce que l'on a observé : « Qu'est-ce qui se joue ici, quelle est la cause de ce que j'observe ? » La procédure manipulatoire va consister à modifier le réel pour l'accélérer, le faire

11. Isabelle Stengers, *L'Invention des sciences modernes*, *op. cit.*.

varier, l'insérer dans une série de contraintes afin qu'il soit dans les conditions du laboratoire tout en respectant les conditions de la nature[12]. Mais, dans la procédure elle-même, rien ne nous indique ce qui va jouer le rôle de garantie que l'on parle du bon « comment », de garantie que ce qui se joue est bien l'effet de la bonne cause, que la fiction est la fiction vraie. Qu'elle n'est pas une simple affaire d'opinions – dont on sait, depuis Platon, et sans jeu de mots, qu'elle a mauvaise presse.

C'est la manière dont l'épreuve s'organise qui va jouer le rôle de garantie, parce que cette organisation va, de manière progressive, mettre chacune des fictions à l'épreuve des autres fictions, comme dans un procès. Regardons comment une expérience s'organise : Jon a participé à la recherche d'un groupe de zoologistes d'Oxford conduit par John Krebs, qui, en collaboration avec un groupe de Toronto conduit par David Sherry et Sarah Shettlerworth, a tenté d'élucider la manière dont certains oiseaux (la mésange à tête noire américaine et la mésange des marais européenne) mémorisaient la centaine de cachettes de nourriture qu'ils utilisaient[13]. La question ici est claire et s'exprime simplement en termes de « comment » : comment font-ils pour retrouver les cachettes ? L'hypothèse de départ – nous sommes dans une démarche aprioriste – est que les oiseaux utilisent leur mémoire, et non pas des indices olfactifs ou d'autres processus d'association d'indices non mnésiques.

Puis la démarche va se dérouler sur un mode discursif. L'élimination progressive des fictions alternatives prend l'allure

12. Nombre de controverses en psychologie animale vont d'ailleurs porter sur cet argument (Harry Collins et Trevor Pinch, *Tout ce que vous devriez savoir sur la science, op. cit.).* Cette procédure semble assez ancienne puisqu'on la retrouve déjà au début du siècle chez Kropotkine. Il s'insurge contre l'affirmation selon laquelle les marmottes sont agressives : ce n'est que dans des conditions de captivité que ce phénomène a lieu ; les marmottes qu'il a rencontrées sur le terrain étaient, quant à elles, tout à fait pacifiques.

13. On peut par ailleurs trouver une trace détaillée dans le livre de Marian Dawkins (*Through Our Eyes Only ?*, Freeman/Spektrum, Oxford/Heidelberg, 1993), qui utilise non pas le procédé, mais plutôt les données issues de l'expérience pour discuter du problème de l'attribution de facultés cognitives chez les oiseaux.

narrative d'une fiction ou d'un procès imaginaire. Sur le terrain, le chercheur est seul – ou avec ses assistants, collaborateurs proches ou étudiants –, mais il va réunir autour de lui les personnages imaginaires d'un procès. Chacun des personnages imaginaires semble interpeller le chercheur pour lui opposer une objection sous la forme d'une autre fiction. Le procès imaginaire se déroule alors jusqu'à l'élimination de chacune des fictions proposées par ces personnages. Suivons-en les étapes : dans une forêt artificielle, un des chercheurs a creusé, dans chacun des arbres, un trou fermé par un velcro. On sait, nous dit l'auteur, que l'oiseau peut l'ouvrir car il ressemble à la fermeture des orifices dans certaines conditions naturelles. L'expérience n'a pas encore commencé que les objections imaginaires interviennent déjà. Le velcro est lui-même utilisé pour parer à une autre objection : l'oiseau n'aurait pas besoin de faire preuve de mémoire si la nourriture était visuellement accessible.

Lors de la première étape du procès, les oiseaux cachent les graines, puis sont retirés de la forêt avant d'y être relâchés vingt-quatre heures plus tard. Ils retrouvent les cachettes et les graines qu'elles contiennent, et permettent donc au chercheur d'attribuer à la mémoire la réussite de la performance.

Une autre objection semble cependant surgir, puisque notre chercheur recommence son expérience, mais en y ajoutant une variation : les oiseaux pourraient retrouver les graines grâce à leur odeur. Ils pourraient également se fier au fait que les velcros ne referment pas exactement de la même manière les cachettes visitées. Le chercheur va retirer les graines après la première visite, en l'absence des oiseaux, refermer les velcros, noter où les graines étaient cachées, puis, vingt-quatre heures plus tard, observer le retour des oiseaux. Ils se dirigent directement vers les cachettes utilisées.

Une autre objection imaginaire surgit encore : « Les oiseaux ne mémorisent pas les cachettes, mais utilisent certains indices ou certains critères, toujours les mêmes, pour cacher les graines. Retrouver les cachettes n'est donc pas un exercice de mémoire, mais une association d'habitudes semblables à celles que nous utilisons généralement pour garer et retrouver notre voiture. » Le chercheur cache donc lui-même les graines, et montre les cachettes aux oiseaux. Sans aucune conséquence sur les performances de ces derniers.

Après avoir ainsi éliminé toutes les objections imaginaires – les fictions rivales –, reste au chercheur la possibilité de montrer que non seulement son hypothèse est la bonne, mais qu'elle est peut-être encore meilleure que ce dont les fictions ont témoigné. Une expérience en deux étapes remet les mésanges en présence des cachettes pour les laisser manger la moitié des graines. À la deuxième étape, vingt-quatre heures après cette première phase de consommation, quarante-huit heures après qu'elles ont caché les graines, elles sont à nouveau lâchées dans la forêt artificielle. Les mésanges vont montrer qu'elles ont non seulement gardé les cachettes en mémoire, mais qu'elles ont, en outre, mémorisé les cachettes déjà visitées au cours du précédent passage. Elles se souviennent donc non seulement des cachettes remplies, mais aussi des cachettes vidées.

Cette mise à l'épreuve devant un tribunal imaginaire semble constituer une garantie contre la subjectivité, contre l'opinion d'un seul. L'expérience devient le lieu d'un espace public imaginaire, une façon fictionnelle d'ouvrir les portes du laboratoire naturel. Cette mise à l'épreuve joue le rôle du procès de première instance, la publication constituant la procédure d'appel pour les fictions injustement évincées ou pour sanctionner les fictions aux prétentions exorbitantes. Lors de cette étape, le jury imaginaire devient un jury réel, qui ne ratera, en principe, aucune des objections manquées et aucun des vices de procédure pouvant avoir eu lieu en son absence.

Les cratéropes en procès

Si nous nous tournons à présent vers le procès au cours duquel Jon va mettre en scène les cratéropes, nous ne trouvons pas encore toutes les caractéristiques de la procédure. En effet, ce procès est toujours dans sa première phase, au cours de laquelle sont envisagées les alternatives possibles. Le procès lui-même ne commencera qu'au printemps prochain. Nous pouvons cependant d'ores et déjà relever quelques-unes des constantes de la confrontation des fictions devant le tribunal de l'expérience. Les fictions alternatives sont ici les hypothèses explicatives de l'aide au nid : d'abord, première hypothèse – issue de la théorie de la sélection de la parentèle –, les oiseaux aident les apparentés ; la seconde fiction envisage l'aide au nid comme un système d'échanges fondé sur la réciprocité. La dernière fiction de Jon est l'hypothèse zahavienne : les oiseaux sont « aidants au nid » parce que cela représente pour eux un bon moyen d'améliorer ou de montrer leur statut. Comment départager ces fictions ? Il faut trouver pour chacune un élément de variation qui donne prise à l'expérimentation. La forme de l'aide semble réunir les conditions requises, et on peut la faire varier en introduisant des leurres. La manière de nourrir les jeunes semble refléter le conflit d'intérêts dans le groupe : par exemple, la théorie de la parentèle prédit que l'aide sera corrélée positivement avec le degré de parenté et négativement avec la taille du groupe des aidants. Cette corrélation négative est assez logique. Plus il y a d'aidants, moins il est nécessaire de travailler pour la nichée. En revanche, dans le cadre de la théorie zahavienne, la taille du groupe ne doit pas affecter l'aide, puisque celle-ci n'est pas utile au récipiendaire, mais au donneur. La fiction de la réciprocité doit, quant à elle, être évaluée à partir de l'observation : les relations d'aide actuelles reflètent-elles les relations antérieures et permettent-elles de prédire les relations futures ? Il semblerait que les observations menées jusqu'à présent ne fournissent pas de preuves en faveur de cette fiction.

Une première étape du travail consiste à observer, pendant une certaine période, la manière dont les variations naturelles affectent les relations d'aide au nid.

Lors de la seconde étape, Jon tentera de produire des variations qui devront permettre de départager les fictions : si l'effort d'un membre du groupe augmente de manière considérable, on peut prédire, selon chaque hypothèse, des conséquences différentes. Ainsi, si c'est la fiction de la sélection de la parentèle qui est « vraie », en réponse à l'augmentation des efforts d'un individu, les autres aidants diminueront leurs efforts. Il n'est pas nécessaire de gaver les oisons ; s'ils sont bien nourris, chacun des aidants peut s'occuper d'autre chose. Par contre, si la fiction de Zahavi est vraie, et si le fait de nourrir les oisons constitue une exhibition, même si un individu augmente ses prestations, les autres aidants maintiendront leur niveau d'effort, ou entreront en compétition pour l'augmenter. Pour cette première étape, Jon fait appel à une manipulation assez simple : il mettra à disposition de certains aidants des mangeoires artificielles qui leur permettront d'augmenter facilement leur investissement apparent dans l'aide alloparentale.

Au cours d'une autre étape du procès, Jon envisage également d'intensifier la pression sur certains aidants. Trois solutions ont été envisagées : attacher un poids à la queue de certains cratéropes ; réduire la mobilité de leur bec – par un système de petites attaches ; ou encore produire un leurre : des cris d'oisillons seront enregistrés et auditionnés auprès du nid, lors du passage de certains individus sélectionnés, afin d'induire chez eux la croyance d'une demande très intense de la part de la nichée. S'ils augmentent leurs efforts, on peut mesurer la diminution, la stabilisation ou l'augmentation des efforts des autres membres du groupe. Cette possibilité devrait, en principe, être la seule utilisée – pour d'évidentes raisons éthiques.

Si le tribunal imaginaire de l'expérience garantit la démarche aprioriste, il faut à présent se tourner vers l'apostérioriste pour lui demander ce qui garantit, chez lui, la démarche.

Démarche apostérioriste

Contrairement à la procédure expérimentale qui crée une identité entre ce qui fonde l'hypothèse et ce qui en assure la validité grâce à une expérience décisive (qui, en montrant « comment ça marche », donne en même temps les preuves que « c'est comme cela que cela marche »), celle de Zahavi sépare les deux moments de la procédure. Zahavi lui-même les sépare si bien qu'il ne s'occupa jamais personnellement de la mise à l'épreuve et laissa à d'autres le soin de cette étape[14].

En effet, les mises à l'épreuve auxquelles la théorie a donné lieu se sont effectuées ailleurs, et la plupart pour contredire la théorie : Robert Slotow, Joe Alcock et Stephen Rothstein, par exemple, changèrent la couleur des plumes des dominés chez les moineaux pour les « déguiser » en dominants[15]. Selon eux, si la théorie du contrôle social du statut est juste et la « tricherie » impossible, les dominés usurpateurs devraient subir un changement dans l'intensité de l'agression, c'est-à-dire être beaucoup plus souvent agressés. Ce ne fut pas le cas. Puisque les usurpateurs n'ont pas été démasqués, les auteurs ont pu conclure que le principe de fiabilité, qui est à la base du principe du handicap, était une fausse fiction. Des laboratoires fictionnels mirent eux aussi la théorie de Zahavi à l'épreuve. Toutefois, après l'avoir réfutée, les procédures montrèrent que la fiction était réaliste. Nous y reviendrons plus loin.

La démarche de récolte d'indices singuliers et anecdotiques qui constitue le travail préparatoire à l'enquête cherche, au-delà et en dépit des invariants et des *a priori*, la particularité de la réponse de chacun des individus. Nous avons évoqué l'hérésie des primatologues, nous la retrouvons, ici aussi, dans la confrontation

---

14. Si ce n'est dans un article consacré à l'hybridation de certains oiseaux, et dans quelques articles écrits en collaboration avec des aprioristes au sujet du comportement du coucou, par exemple, les résultats d'une recherche menée au Japon en collaboration avec un zoologiste japonais : A. Lotem, N. Hitoshi et A. Zahavi, « Rejection of cuckoo eggs in relation to past age : a possible evolutionary equilibrium », *Behav. Ecol.*, 5, 1992, p. 128-132.

15. Robert Slotow, Joe Alcock et Stephen Rothstein, « Social status signalling in white-crowned sparrows : an experimental test of the social control hypothesis », *An. Behav.*, 46, 1993, p. 977-989.

quotidienne entre le chercheur et ses *babblers*. Les démarches hérétiques des uns (les primatologues) comme de l'autre (Zahavi) sont celles utilisées par les ethnologues. Le grand partage, remis en question par les nouvelles questions des primatologues, montre ici aussi des signes d'effacement.

Cet effacement peut s'expliquer autant par la méthodologie et les démarches utilisées que par la personnalité particulière de l'oiseau. Zahavi est non seulement accepté à proximité du groupe, mais il s'intègre à lui et se déplace toujours au milieu des oiseaux, et ce non pas comme le ferait un observateur étranger, à l'extérieur, devant ou derrière. La plupart des oiseaux observés sont apprivoisés – les autres sont appelés les « barbares ». Chacun reçoit un nom qui permet de l'identifier : les oiseaux, comme tous les vivants qui nous sont éloignés, nous paraissent trop semblables entre eux pour que l'on puisse espérer les reconnaître à coup sûr ; aussi, chaque oiseau est identifié et nommé grâce aux quatre couleurs de ses bagues : le nom de chacun est formé des quatre initiales de ces couleurs en hébreu : ainsi, quand un chercheur dit avoir vu MMCT ou AMMT, chacun sait exactement qui il désigne, et à quel groupe il appartient.

Nouveau temps, nouvel espace éthologiques

Zahavi, comme un ethnologue, a appris à reconnaître chacun des individus et à connaître, au fil des années, l'évolution de ses alliances, de son statut. Ainsi, on peut savoir, en consultant les fiches et les archives du grand tableau exposé de manière permanente dans le laboratoire (et certains des articles qui adoptent cette forme narrative), que AMMT est né en 1975, qu'il a vécu avec son père et un de ses frères de la même nichée. En 1977, sa mère a été remplacée par une autre femelle et il est devenu *breeding helper* (reproducteur-aidant au nid). Son frère dominant fut chassé du territoire et AMMT put ainsi, à la mort de son père, devenir le mâle dominant. En 1975, il eut ainsi cinq oisillons, six entre 1980 et 1981. En 1982, il y eut à nouveau un changement de femelle et il ne put s'accoupler avec elle. Les deux fils qu'il avait de la femelle disparue devinrent *breeding helpers*. Il en chassa un et resta avec l'autre jusqu'à sa mort, en 1987. AMMT resta donc toute sa vie sur le même territoire, attendit de devenir dominant, vécut douze ans et eut finalement vingt-neuf enfants.

On peut aussi retrouver l'histoire plus tumultueuse de SMTA, qui dut conquérir un nouveau territoire et perdre ses collaborateurs, ou encore celle de MTMC, qui fut chassé de son territoire par son frère. Il vécut comme réfugié, avant d'être rejoint par deux de ses fils. Après quelques années d'occupation de territoires marginaux, il put remplacer un mâle qui venait de mourir et constituer un nouveau groupe. Le temps de l'oiseau se structure comme le temps historique des humains, et les récits deviennent des histoires de vie. Au temps éthologique se substitue le temps ethnologique.

L'espace se structure, lui aussi, de manière particulière, puisque Zahavi observe au milieu des oiseaux. Le rituel d'approche et de rencontre amorce – et sans doute définit – la relation : Zahavi siffle en imitant l'appel du *babbler* et jette du pain. Les *babblers* répondent, s'approchent en sautillant, mangent le pain, puis reprennent leurs activités sans sembler se préoccuper plus longtemps de sa présence. La structuration particulière de l'espace est possible grâce à la familiarité des oiseaux. Elle est possible, mais pas nécessaire, et chacun des chercheurs intègre la relation dans un espace sensiblement différent : Jon, le zoologiste d'Oxford, expérimentateur en procès constant avec les fictions, établit avec les oiseaux une relation de spectateur distant. Il est soit devant, soit derrière, jamais au milieu, jamais trop près. Ostreiher, l'assistant doctorant, quant à lui, est toujours devant, mais de manière tellement proche que les autres chercheurs lui reprochent de perturber les oiseaux (nous l'avons vu, un jour, obturer de sa tête l'entrée d'un buisson où se trouvait le nid, afin de l'observer de plus près).

La structuration spatiale de la rencontre entre Zahavi et les oiseaux dessine comme un espace sans limites entre l'observateur et l'observé. À cet espace sans limites, répond, de manière analogique, un espace mental commun, l'espace de l'identification anthropomorphique : « Quand on ne comprend pas pourquoi un animal fait comme ceci ou comme cela, on essaie de comprendre chez l'humain à quoi pourrait servir ce comportement, puis on essaie de voir si l'hypothèse peut être confirmée par ces observations[16]. »

C'est cette procédure que Zahavi appelle le modèle anthropomorphique. Il ne doit pas être compris comme un modèle au sens technique du terme, mais plutôt comme un modèle psychologique, le référent de l'identification. Stratégie heuristique contestée, elle fut pourtant la méthode éprouvée de nombreux chasseurs : les bushmen, par exemple, s'identifient tellement avec l'animal qu'ils sont en train de chasser qu'ils peuvent répondre à des questions comme « que ferais-je maintenant si j'étais l'animal ? » avec une prodigieuse exactitude[17]. La démarche de Zahavi s'en écarte cependant sur un point essentiel : à la prédiction se substitue l'interprétation. La question n'est pas tant « que va-t-il faire ? » – question dont la réponse peut confirmer ou démentir la fiction –, mais « pourquoi le fait-il ? », dont la réponse n'a pas le pouvoir d'éviction des fictions alternatives. Les interprétations souffriront toujours de l'impossibilité d'un consensus. En d'autres mots, comme je l'expliquais à propos de l'enquête, le partage des fictions ne peut se fonder que sur l'opinion commune ; le désaccord exprime l'incapacité de l'énoncé interprétatif d'être autre chose qu'une simple fiction dépendante des intentions et convictions de son auteur[18].

Cette incapacité est d'autant plus marquée que l'anthropomorphisme procède d'une identification des causes du comportement

16. Amotz Zahavi, communication personnelle.

17. *In* John S. Kennedy, *The New Anthropomorphism*, *op. cit.*

18. « L'autorité de la science expérimentale, sa prétention à l'objectivité n'ont pas d'autre source que négative : un énoncé a conquis – à une époque donnée, bien sûr, et non dans l'absolu – les moyens de démontrer qu'il n'est pas une simple fiction, relative aux intentions et convictions de son auteur », Isabelle Stengers, *op. cit.*, p. 103.

avec les intentions de celui qui l'exhibe. En somme, on l'aura bien compris depuis le début, le « comment » est beaucoup plus un « pourquoi ». Les fictions se rencontrent et se confrontent sans permettre de les départager. C'est ailleurs que ce travail se fera, et nous en parlerons plus loin. L'anthropomorphisme et la méthode anthropologique sont complétés par un processus de fictionnalisation d'un type très particulier : non seulement tout ce que l'animal fait ou manifeste reçoit un sens, mais chacune des séquences comportementales doit se comprendre, selon Zahavi, comme le meilleur compromis possible par lequel l'animal fait ce qu'il peut.

Ce processus de saturation de significations et d'élaboration de fictions positives et valorisantes n'est pas seulement lié aux mécanismes attributifs ou projectifs de l'anthropomorphisme ou aux démarches anthropologiques caractérisées par la proximité spatiale et les relations personnelles, bien qu'il en soit largement dépendant. Il se fonde sur une épistémologie de l'évolution doublée d'une ontologie de la nature : « Les gens d'Oxford, dit Zahavi, argumentent la stupidité de l'hôte du coucou. Pour moi, si l'oiseau parasité est stupide, c'est qu'il est bon d'être stupide, parce que certaines erreurs sont moins coûteuses. Je ne pense pas qu'il y ait, dans la nature, beaucoup de place pour ce genre de problèmes comme ceux de la course aux armements. On pense, dans ce cadre, que l'un est stupide et l'autre intelligent. La stratégie du mensonge n'est bonne que si l'on assume que les autres sont des imbéciles[19]. »

À l'ontologie aux résonances panglossiennes (tout ce qui est dans la nature est le meilleur possible) va correspondre une forme d'éthique épistémologique – qui permet probablement, elle aussi, de rompre avec la recherche des invariants : « Si je vais dans la nature et que je vois un comportement bizarre que je ne peux comprendre, j'ai deux possibilités : soit je fais comme à Oxford, et je dis que cet animal est stupide, soit je me dis que c'est moi

19. Amotz Zahavi, communication personnelle.

qui suis stupide, et je reste encore sur le terrain jusqu'à ce que je comprenne[20]. »

Il semble que c'est le message que Dawkins a compris, et qui semble faire difficulté, lorsqu'il fait, dans la seconde édition du *Gène égoïste*, amende honorable en corrigeant les critiques adressées à Zahavi dans la première édition : si l'hypothèse de ce dernier est correcte, ce qui lui semble maintenant être le cas, la perspective est inquiétante parce qu'elle « signifie que les théories de folie presque sans limite ne peuvent plus être manipulées sur le terrain du bon sens. Si nous observons un animal faire quelque chose d'idiot, comme se tenir sur sa tête au lieu de se sauver alors qu'un lion l'attaque, il se peut qu'il agisse ainsi afin d'épater une femelle. Il se peut même qu'il le fasse pour épater le lion : "je suis un animal d'une qualité telle que tu perdrais ton temps à essayer de m'attraper". Mais peu importe que je pense qu'une chose est folle, il se peut que la sélection naturelle ait d'autres idées sur le sujet[21] ».

La saturation des significations opérée par la démarche anthropomorphique, anthropologique, adaptationniste et fictionnelle n'est pas sans rappeler cette caractéristique des rationalités mythiques, telles qu'elles sont décrites par Lévi-Strauss : devant un réel à comprendre et son absence de signification, ses objets non expérimentables et ses expériences sans objets, le mythe va disposer d'*une pléthore de signifiants* et en surcharger le réel[22].

Scène mythique et scène expérimentale

À notre description de la démarche de Zahavi, comme une démarche mythique et attributive se déroulant entre deux personnages – l'homme et l'oiseau –, nous avons opposé la démarche expérimentale, une démarche qui triangule les rôles, puisqu'elle fait toujours intervenir trois personnages : un oiseau témoin, un

20. *Ibid.*
21. Richard Dawkins, *Le Gène égoïste*, *op. cit.*, p. 312, note du chapitre 9.
22. Claude Lévi-Strauss, *Anthropologie structurale*, *op. cit.*, p. 209.

observateur-manipulateur et un jury imaginaire. Peut-on affirmer que cette dernière se prémunit ainsi contre toute tentation attributive ? En d'autres mots, peut-on penser que l'une des deux démarches est totalement attributive et que l'autre empêcherait, par la multiplication des protagonistes, l'intrusion de la subjectivité et des processus à l'œuvre dans les rationalités mythiques ? Je rappellerai ici deux événements interprétatifs : d'abord, l'hypothèse concernant la « pudeur » des cratéropes, puis, celle du « faux signal ». Avec l'hypothèse du contrôle social, Zahavi stipule que le mâle « pudique » qui maintient les autres mâles à l'écart de la scène de l'accouplement prouve à la femelle sa capacité à empêcher de futures interférences autour du nid. Nous analyserons plus tard le phénomène de « miroir » entre les méthodes de Zahavi et la manière dont les mâles procèdent à l'éviction des autres prétendants. Considérons plutôt la proposition alternative de Jon. Selon lui, la lecture zahavienne de l'exigence d'intimité oublie un personnage important : la femelle. Les femelles, bien que de manière différente, exercent, elles aussi, une forme de contrôle social. Elles peuvent dès lors être en conflit avec les mâles, même si ce conflit ne prend pas les apparences d'un conflit ouvert. Selon Jon, la femelle peut réussir ce contrôle en cachant aux mâles qui est le père des œufs. Si la femelle peut cacher l'accouplement, et si elle s'isole avec chacun des mâles du groupe, aucun d'eux ne peut être certain qu'il *n'est pas* le père de la nichée. Au contraire, et si l'accouplement est vraiment discret, chacun d'eux pourra avoir de bonnes présomptions concernant la paternité des œufs. Chacun des mâles a, dès lors, tout intérêt à s'occuper d'une progéniture qui pourrait être la sienne.

Avant toute chose, ouvrons une parenthèse pour souligner que Jon a bien mis en évidence l'une des lacunes les plus importantes du système zahavien : il est d'un « androcentrisme » assez singulier. Le mâle contrôle la totalité des relations, et ce qui pourrait être interprété comme une stratégie des femelles devient une exhibition du mâle.

Par ailleurs, il faut noter que l'influence du cadre théorique de la course aux armements est ici évidente : un conflit d'intérêts, des stratégies en évolution, un parasite – la femelle – qui exploite un parasité – le mâle investissant ses efforts dans une nichée qui pourrait tout aussi bien être celle d'un autre. La grille de lecture laisse sa signature au bas des interprétations : plutôt que grille de lecture il nous semble qu'il vaudrait mieux parler, dans ce contexte particulier d'émergence d'interprétations sur « le terrain », d'une véritable grille productrice de fictions.

Parallèlement à l'influence du corpus théorique, les pratiques elles-mêmes semblent colorer les interprétations et la construction des fictions, comme si l'observateur attribuait sa propre pratique à ce qu'il observe. La femelle utilise, dans l'hypothèse de Jon, des moyens similaires à ceux de l'expérimentateur. Au-delà de la grille de la course aux armements, ce qui est décrit de la femelle ressemble étrangement aux procédures de l'expérimentation : création de leurres – dans un sens cependant plus vague que dans le sens usuel du terme en éthologie – sous la forme de création de croyances, manipulation des sujets. Cette analogie semblera beaucoup plus claire – voire plus pertinente – dans notre second exemple : l'hypothèse du faux signal.

L'hypothèse « du faux signal » d'apport de nourriture à la nichée avait été interprétée par Jon comme une manœuvre « anti-bluff ». J'avais déjà rattaché cette hypothèse au modèle théorique général qui constitue son cadre de lecture, et montré que cet énoncé pouvait largement dépendre de ce cadre. Nous pouvons tenter d'aller plus loin et montrer qu'ici aussi la démarche attributive est présente dans ce type de lecture des comportements et en colore les hypothèses, quoique de manière plus implicite. Que fait l'oiseau, dans l'hypothèse de Jon ? Il vérifie la faim réelle de la nichée en créant une expérience « test ». Il agit sur une variable pour mesurer l'écart par rapport à la norme ; il crée un leurre qui lui permet de départager la duplicité des causes ; il ne se fie pas aux évidences et fait de la nichée le lieu de l'expérimentation. Ainsi, dans sa lecture du comportement de l'oiseau, en lui attribuant une démarche identique à celle que lui-même utilise, Jon a créé un « effet de miroir ». Il a attribué à l'oiseau sa propre démarche, son cadre de pensée, sa procédure. La méthodologie devient donc, elle aussi, source et modèle pour les fictions.

L'arroseur arrosé et le rire des passants

Il n'échappera pas aux lecteurs que nous ne sommes pas nous-mêmes à l'abri de la rationalité mythique lorsque nous envisageons ce que j'appelle les *processus en miroir*. Les processus en miroir sont ceux qui font que le contenu de l'analyse reflète la forme ou la procédure utilisée – par exemple, lorsqu'une démarche *a priori* analyse préférentiellement les *a priori* du comportement, ou encore lorsque le chercheur semble considérer l'animal comme en train de faire, au même moment que lui, la même chose que lui : lorsque Zahavi lit les comportements en termes d'informations, il attribue à l'animal le même rôle et le même travail que celui pris par l'observateur (lire les comportements de ses congénères comme autant de sources d'informations) ; de même, lorsque Jon considère que l'aidant au nid teste les oisillons, il attribue à l'oiseau un véritable travail d'expérimentation dans le nid.

Ce sera ici l'occasion de s'arrêter une minute pour partager un rire avec ceux à qui n'a pas échappé le fait suivant : j'applique cette même rationalité mythique, et j'attribue à chacun des chercheurs la même démarche que la mienne. Mais que ceux qui sont en train de rire, en faisant de moi l'objet de l'analyse identique à celle du niveau précédent, sachent qu'ils viennent, eux aussi, de créer un jeu de miroirs presque infini, une régression d'attributions qui se reflètent, comme dans le tableau célèbre du miroir qui reflète un miroir, etc. Et qu'ils acceptent, dès lors, de rire avec moi, et non plus de moi. Là réside sans doute aussi la leçon du rire infligée par Stengers aux ironistes lorsqu'elle nous invite à retrouver ensemble cette « capacité de se reconnaître soi-même produit de l'histoire dont on cherche à suivre la construction[23] ».

23. Isabelle Stengers, *L'Invention des sciences* modernes, *op. cit.*, p. 79.

Nous venons de rejoindre ainsi une de nos toutes premières apories : celle issue de l'analyse que nous faisions de l'anthropologue envoyé chez Rosenthal, et qui montrait l'impossible extériorité du chercheur, son inclusion totale et l'inaccessibilité de l'hypothèse fondamentale.

Méthodologies et loyautés

Si l'on devait reprendre l'idée d'un *continuum* des méthodologies observées sur le terrain, allant de la plus anthropo-morphologique (Zahavi) à la plus expérimentale (Jon), un troisième personnage apparaîtrait, dont l'ambivalence éclaire d'une autre lumière les pratiques de chacun.

Plutôt qu'un réel médiateur, Ostreiher, l'assistant doctorant de Zahavi, m'apparaît comme porteur de deux projets difficilement conciliables, de deux loyautés à des ordres de pratiques divergentes. Sa pratique elle-même me semble révélatrice de ces tensions : si, d'une part, il adopte clairement la position du spectateur étranger, s'il ne siffle ni ne nourrit les oiseaux, son approche, d'autre part, s'avère tellement intime qu'elle ne peut pas être sans influence sur leurs comportements.

Conscient des exigences et des nécessités du domaine dans lequel il travaille – c'est-à-dire construire des espaces de confrontation des fictions – et de la nécessité d'y souscrire pour être publié, il reste cependant proche des méthodologies de Zahavi : la gestion de l'espace peut ainsi apparaître comme le compromis entre la distance « désimpliquante » du spectateur objectif et la promiscuité de l'ethnologue.

On pourrait également analyser sa pratique comme une tentative de conciliation entre les exigences de mise à l'épreuve des fictions propre à la stratégie expérimentale et les exigences d'une pratique descriptive et interprétative plus proche de la démarche anthropologique. Si nous revenons un instant sur le désaccord au sujet de la danse du cratérope, c'est pour rappeler d'abord que l'interprétation d'Ostreiher reste pleinement zahavienne. Ensuite, on pourra suggérer que la danse lui offre autre chose que le lieu d'un désaccord : elle lui apporte les preuves de l'influence de l'observateur sur les sujets observés. Et par ces preuves, en lui donnant un matériel de travail, la danse permet à Ostreiher de concilier les exigences des deux démarches. Notons que ce qu'il en apprend n'est peut-être pas totalement étranger à sa manière envahissante de faire intrusion dans les groupes. Cette manière est d'ailleurs d'autant plus envahissante qu'il s'accompagne, dans son travail, d'un matériel vidéo assez encombrant.

Les visites aux oiseaux se font régulièrement chaque jour, de l'aube jusqu'à la fin de la matinée, et de 15 heures jusqu'au coucher du soleil et des oiseaux. Les danses peuvent être observées certains jours, juste après le lever ou juste avant le coucher du soleil.

Souvenons-nous des deux hypothèses en présence : selon Zahavi, la danse, comme le rituel, est un test imposé aux partenaires ; selon Ostreiher, c'est le moyen d'affirmer sa supériorité, notamment pour le partage des ressources. La recherche d'Ostreiher commence par un constat assez simple : la fréquence des danses est variable au cours de l'année. Or, si l'hypothèse de Zahavi est correcte, si la danse a pour fonction de tester la solidité des liens du groupe, la danse devrait connaître une fréquence élevée au moment où le groupe doit être le plus solidaire, c'est-à-dire quand les adultes doivent accomplir le plus de tâches en commun. Cette solidarité est particulièrement cruciale dans la période qui suit l'éclosion des œufs. Or, constate Ostreiher, ce n'est pas le cas. Juste après l'éclosion, la fréquence des danses diminue de façon exemplaire.

Ostreiher se met alors à comparer deux types de groupe : d'une part, les groupes qui ont réussi l'étape de la reproduction, d'autre part, ceux qui ont échoué au cours de cette phase. Une fois les œufs éclos chez les premiers, il constate que le niveau de compétition diminue fortement alors qu'au même moment ce phénomène ne se produit pas dans les groupes qui n'ont pas d'œufs : la compétition reste vive. Chez ces derniers, la fréquence des danses reste élevée aussi longtemps qu'existent des possibilités de se reproduire. Ce n'est qu'à la fin de la saison de la reproduction que l'on assiste à la disparition progressive des danses. Un dernier argument vient étayer la thèse de l'importance du « statut » dans la fonction du rituel : les adultes dansent au moment de la compétition sexuelle, les jeunes le feront plus fréquemment en automne, au moment des compétitions autour des ressources alimentaires. L'accès à ces ressources pendant la période plus difficile de l'hiver sera déterminé par l'issue de ces compétitions. Nous pouvons, d'ores et déjà, entrevoir que les méthodologies d'Ostreiher semblent distinctes de celles de Zahavi : ce qui, chez le maître, procède d'un développement intuitif devient, chez l'élève, l'objet d'une procédure de vérification des fictions. Il ne s'agit pas encore d'une réelle confrontation de fictions dans un tribunal destiné à les départager – Ostreiher n'interférant pas encore ici dans le cours naturel des choses –, mais de la substitution d'un mode de questionnement à un autre : aux « pourquoi » de Zahavi, Ostreiher oppose un « comment ». Avec la réponse à ce « comment », il espère évincer les fictions du « pourquoi ». Zahavi élabore son hypothèse sur base d'une série d'indices, et il répond à la question de savoir pourquoi les oiseaux dansent – comme un bon enquêteur, il cherche le mobile. Ostreiher procède, quant à lui, à une reconstitution : « Il ne peut s'agir de ceci parce que cela. » Il cherche les preuves. Si nous devions continuer notre métaphore liant l'enquête et le procès, je situerais Ostreiher dans la phase intermédiaire : l'enquête est terminée, c'est maintenant l'étape de l'instruction. On constitue la réserve de témoins, on étudie la plausibilité des faits et des mobiles. Par rapport à la démarche du laboratoire, on peut suggérer que la procédure fait l'objet, avec Ostreiher, d'une première « purification » : d'une analyse qualitative, on glisse vers une analyse quantitative de ces qualités. Il ne s'agit pas encore, à proprement parler, d'un véritable travail d'expérimentation ou de mise à l'épreuve des fictions, on est toujours dans une démarche de « regarder et ne rien faire ». Cependant, une autre partie de la recherche d'Ostreiher – qui est la conséquence de son travail d'observation des danses – me semble témoigner d'une certaine *volonté de faire science*[24].

Ostreiher a constaté, tout au long de sa recherche, que la fréquence des danses non seulement variait au cours des événements de la vie du groupe, mais qu'elle semblait affectée par la manière et le moment des visites de l'observateur. Il élabora donc le plan d'une étude comparative expérimentale, modifiant les heures de visite et la manière de les pratiquer (la distance, la présence ou non du matériel,...). Il a ainsi découvert que les visites nocturnes diminuent les occurrences de danse matinale, alors que les visites matinales les augmentent. Il a organisé tout un travail d'analyse de l'influence de l'observateur sur le comportement de l'observé.

On pourrait d'abord penser que, par cette expérience, Ostreiher interpelle Zahavi sur ses pratiques d'apprivoisement. Mais cela ne rendrait pas compte de la manière dont lui-même met en œuvre l'approche des oiseaux.

Si cette recherche révèle qu'Ostreiher avait, d'une certaine manière, entendu les reproches de ses collègues ou plus simplement qu'il avait pris conscience qu'il se passait « quelque chose », elle me semble surtout fournir un indice important étayant l'idée que sa démarche répond à deux exigences contradictoires. La première, que nous nous contenterons d'évoquer, est celle qui caractérise la pratique de Zahavi : elle consiste à observer et ne rien faire (ne pas modifier l'environnement plus que ce que ne le fait la présence de l'observateur) ; la seconde est celle des démarches expérimentales : faire pour mieux observer, étudier la variation produite par l'expérimentateur sur le cours naturel des choses. Ici, cependant, ce n'est pas l'oiseau qui est cité comme témoin du procès des fictions, mais la relation particulière entre le chercheur et son objet-sujet. Dans ce contexte, les variables ne

24. On reconnaîtra ici l'emprunt du titre d'un petit livre d'Isabelle Stengers : *La Volonté de faire science. À propos de la psychanalyse*, Seuil/Les Empêcheurs de penser en rond, Paris, 2006.

sont rien d'autre que le chercheur lui-même, le temps et l'espace ; le laboratoire, lui, se constitue dans leur relation singulière. Ici, ce ne sont plus des fictions que l'on met en procès, mais le chercheur lui-même qui se soumet à la question. L'oiseau n'y sera pas le sujet passif des manipulations de son environnement, mais sera interpellé dans une relation qui demande sa participation. C'est en cela que la danse m'est apparue comme ce qui lui offrait autre chose que le lieu d'un désaccord : grâce à elle, il pouvait activement créer les conditions de la conciliation des deux exigences contradictoires auxquelles il se trouvait confronté. Cette expérience constituerait alors, pour Ostreiher, une manière de manifester sa fidélité aux pratiques de terrain de son maître. Il adopte ainsi la démarche anthropologique de Zahavi, mais pour la mener encore plus loin, jusqu'à son terme : avec elle, et c'est là l'aboutissement d'une démarche anthropologique en éthologie, il prend en compte le fait que ceux qu'il interroge vont intégrer le dispositif qui les interroge et lui donner un sens.

L'image comme partage des fictions

La mise en image elle-même, par le biais de la caméra omniprésente, peut, elle aussi, faire l'objet de l'interprétation en termes de procédure conciliatoire entre les exigences des deux extrêmes de notre *continuum*. Elle est de l'ordre de la pratique observationnelle pure, puisqu'elle n'agit pas sur le réel (si ce n'est dans le cadre précité). En même temps, elle fige l'observateur dans le rôle du spectateur : le dispositif – les photographes le disent – crée tout de suite une distance propice à l'impression d'être étranger à la scène qui se déroule. On ne filme pas au milieu, on filme devant quelqu'un, en créant une scène imaginaire et un fond d'image.

La pratique du film se situe déjà, elle aussi, comme un mode de conciliation entre deux exigences : l'activité et la distance objectivante de l'expérimentateur et la passivité du récolteur d'informations anecdotiques. L'activité du récolteur d'images semble donc constituer la médiation entre les deux types de pratique. Elle est aussi et surtout la première étape d'un processus de « scientifisation » du discours, dans la mesure où elle en autorise le partage sur d'autres modes que ceux des confrontations narratives entre fictions. Elle permet la reproductibilité de ce qui est observé. En effet, si Zahavi se fonde sur certaines observations pour émettre une hypothèse, nul n'est obligé de le croire. La solution adoptée en général sera soit d'ouvrir le laboratoire naturel aux chercheurs étrangers qui pourront vérifier les dires du chercheur, soit que ces derniers tentent de reproduire ou d'observer ailleurs la même expérience ou les mêmes conditions, afin de vérifier que le phénomène observé est bien reproductible. La mise en image offre déjà une première garantie de ce que le témoignage affirme, elle met à la disposition des membres des tribunaux de l'expérimentation un matériel de discussions des fictions interprétatives. Partager les images, c'est déjà admettre que la parole seule ne suffit pas, et qu'elle ne peut pas suffire au partage des fictions.

5
LES NARRATIONS ET LES MÉTAPHORES

La pratique anthropologique dans ce type de recherche débouche, comme nous venons de le voir, sur une collecte de données de type anecdotique. La tenue de fiches d'observations et de grands tableaux calendriers permet à chacun des chercheurs de connaître la situation de chacun des groupes : y sont ainsi annoncés les naissances, les éjections et les nouvelles arrivées, les morts et les changements de statut. Chacun des chercheurs passe au centre de recherches en fin de matinée ou de journée pour y consigner les données récoltées et consulter celles des autres. Les séjours de Zahavi, généralement en fin de semaine, sont l'occasion de réunions où sont commentées les informations récoltées.

Le laboratoire du centre est ainsi le lieu de passage et de réunions, de rencontres formelles et informelles. Sa situation géographique les favorise puisqu'il ouvre l'accès à la cour intérieure où sont situés les logements des divers chercheurs travaillant dans la réserve naturelle (l'éviter pour entrer par un autre accès demande un détour important).

Procédures narratives

Les rencontres dans le laboratoire seront parfois l'occasion d'échanges d'informations particulières : les cratéropes y deviennent les héros de narrations étonnantes. Les articles qui leur sont spécifiquement consacrés portent eux aussi cette marque singulière. La forme narrative peut prendre l'allure de véritables épopées, et les chercheurs avouent en riant qu'ils ont l'impression d'assister à de véritables *soap operas*.

« Il semble, écrit Stephen Jay Gould, que nous soyons prisonniers des structures mythiques de nos propres sagas culturelles et dans l'incapacité, même dans nos descriptions élémentaires, d'utiliser un langage autre que les métaphores de guerre et de conquête[1]. » À ces épopées de guerre et de conquête décrites par Gould s'ajoutent, dans l'histoire des cratéropes, les aventures amoureuses. Les conversations matinales autour du tableau l'illustrent : « J'ai vu la femelle. Je ne sais pas ce qu'elle faisait ! Elle criait aux mâles "I am lonely, I am lonely", je ne comprends pas. Pourtant ils étaient près d'elle ! » Ou encore : « Une femelle réfugiée est venue pour prendre la place de la femelle (ceux qu'on appelle les réfugiés ont été éjectés d'un groupe, ou l'ont quitté, et n'ont pas retrouvé de territoire), elles se sont battues. Les mâles ne sont pas intervenus. » « C'est vrai, ils ont intérêt à prendre la meilleure. Mais parfois ils vont quand même intervenir pour protéger la femelle. » Et avec inquiétude : « La femelle (nom) a disparu. Les autres oiseaux sont inquiets pour elle. Ils l'ont cherchée toute la matinée. » Et le soir : « Elle est finalement revenue. Je me demande bien où elle était. »

Les articles eux-mêmes vont, quoique de manière moins empathique ou enthousiaste, adopter le genre narratif et anecdotique. C'est non seulement le fait de la méthode anthropologique précédemment décrite, mais cela peut également être rapporté à la très grande variété des comportements des cratéropes : ainsi, la gestion de la sexualité dans le groupe – déterminant qui peut copuler avec qui – prend des formes aussi nombreuses que les groupes eux-mêmes[2]. Seule la narration anecdotique semble à même d'en rendre compte. Nous retrouvons ici une des carac-

1. Stephen Jay Gould, *Quand les poules auront des dents*, *op. cit.*, p. 34.
2. Amotz Zahavi, « Mate guarding in the Arabian babbler », *Proc. Int. Orn. Congr.* Ottawa, 1988, p. 420-427.

téristiques de ce que nous avions appelé « le cratérope dans le discours » : la forme narrative et anecdotique est le résultat à la fois de la démarche anthropologique et du comportement créatif et diversifié des oiseaux. C'est ici aussi que nous nous situons dans l'espace de l'équilibre qui ne nous permet pas de discerner – ou de décider – lequel de l'oiseau ou de la méthode va affecter l'autre au point de faire de l'éthologie une démarche à ce point qualitative.

Penchons du côté de l'oiseau pour illustrer la diversité de ses comportements et tentons, en même temps, de ne pas perdre de vue qu'il a fallu un regard particulier et des interprétations parfois très marginales pour donner à ces comportements non seulement un sens, mais surtout la possibilité d'exister comme données, d'être reconnus comme source d'informations : « Les femelles peuvent faire très tôt dans la saison une cour au dominant en lui présentant un peu de nourriture ou une petite baguette. Le mâle réagit souvent agressivement. Il est alors fréquent que la femelle choisisse de "courtiser" (*to court*) et de copuler avec les mâles subordonnés et de rejeter le mâle dominant. Je pense que la femelle se comporte de cette manière afin d'amener le dominant à exhiber son statut (c'est-à-dire à manifester ses revendications dans le partage des droits à l'accouplement). Plus tard dans le cycle de reproduction, le dominant aura tendance à rester près de la femelle et celle-ci tendra à rejeter les mâles subordonnés[3]. »

Mais cette histoire ne peut être généralisée : elle arrive plus fréquemment que d'autres, c'est tout. Il arrive aussi que « le mâle bêta visite le nid de manière fréquente – ou encore en de rares occasions. Quand un mâle bêta est autorisé à percher au bord ou près du bord du nid avec le mâle alpha, il sera agressif avec la femelle bêta et va souvent suivre la paire de dominants comme si la femelle bêta n'existait pas. Cependant, si l'occasion se présente pendant la journée, les deux mâles pourront s'accoupler avec la femelle bêta[4] ».

3. *Ibid.*, p. 424

4. *Ibid.*, p. 425.

Parallèlement aux narrations qui rendent compte de la manière dont s'effectuent les échanges sexuels, nous retrouvons, dans les conversations autour du tableau, les aventures guerrières. Celles-ci relatent des batailles entre groupes voisins : les termes de frontières, de réfugiés, de victoire et de défaite donnent à ces narrations enthousiastes un caractère très réaliste.

Parfois les deux genres se mêlent : « Une femelle est allée à la frontière du territoire. Elle voulait provoquer les voisins. Elle faisait sans cesse des incursions au-delà des frontières jusqu'à ce qu'ils répondent à ses provocations. En fait, elle voulait tester les deux mâles de son groupe. Avant de déposer ses œufs et de se lancer dans un tel investissement, elle doit vérifier si les deux mâles sont fiables et s'ils sont prêts – et capables – de défendre le territoire. »

Cette interprétation, qui m'avait tout d'abord étonnée, est, en fait, un pur produit de la théorie, et je l'ai retrouvée ultérieurement dans un article consacré à la manière dont les mâles gardent les femelles dans la gestion des conflits. Nous avons déjà rencontré cette hypothèse lorsque nous évoquions la « pudeur » des cratéropes : « Afin de réussir un accouplement, le cratérope mâle doit pouvoir éviter l'approche des autres membres du groupe. Je pense que l'aptitude du mâle à contrôler l'approche des autres individus montre à la femelle sa capacité à contrôler le groupe en général. Cette capacité à contrôler le groupe peut, à son tour, être corrélée avec l'habileté du mâle à défendre ses œufs contre des mâles rivaux[5]. »

En plus des particularités de la méthode et des oiseaux, dont nous venons de suggérer qu'ils étaient responsables de la structure narrative des discours, on peut avancer que cette pratique de l'éthologie représente de manière exemplaire le processus de fictionnalisation inhérent aux sciences humaines (et dont la plupart d'entre elles se défendent, notamment par les méthodes quantificatives). Souvenons-nous des contes moraux décrits dans

5. *Ibid.*, p. 425.

l'introduction, ces belles histoires que nous aimons produire et entendre. La théorie de l'évolution elle-même est une histoire, et sa reconstruction n'échappe pas aux règles du genre. La science renoue sans cesse avec la mythologie, et les histoires racontées donnent chacune la marque des croyances qui ont participé à son édification.

Procédures analogiques

Les procédures narratives sont le produit de caractéristiques hétérogènes et indissociables : nos structures mentales mythiques d'abord, les processus d'identification ou la démarche anthropomorphique, ensuite, puis la diversité et l'originalité des comportements des oiseaux, et, enfin, la proximité du chercheur avec son objet, l'identification individuelle de chacun des oiseaux, le suivi presque quotidien, l'inscription dans une histoire, en somme la démarche anthropologique. Pour trois de ces quatre caractéristiques, la référence à l'humain semble constante. Ce sont généralement celles qui sont le plus controversées dans le domaine de l'éthologie qui est chargée comme tous les autres champs scientifiques d'assurer et de maintenir le grand partage.

Mais le non-respect des conventions ne s'arrête pas là. Des articles théoriques de Zahavi ressort une constante : l'homme y est la référence analogique et l'outil de confirmation des hypothèses. En refusant le procès de la mise à l'épreuve des fictions, Zahavi va devoir trouver ailleurs les moyens d'étayer ce qu'il avance. Seule l'expérience subjective, partagée par tous, pourra occuper ce rôle. Le lecteur se voit donc mobilisé par des propositions d'identification aux oiseaux, pris à partie, et l'appel à son expérience sera le support argumentatif et pédagogique de la théorie. Cette caractéristique rend le discours zahavien très semblable à ce que Paul Feyerabend appelle – sans connotation péjorative – la « propagande » : il est clair, écrit Feyerabend à propos de Galilée, « que l'attachement aux idées nouvelles devra être provoqué par d'autres moyens que des arguments. Par des moyens irrationnels tels que la propagande, l'émotion, les hypothèses *ad hoc*, et l'appel à des préjugés de toutes sortes ». Il poursuit : « Tout le riche réservoir d'expérience quotidienne et d'intuition de ses lecteurs intervenait dans le raisonnement, mais les faits dont ils étaient invités à se souvenir étaient arrangés d'une nouvelle manière[6]. » Zahavi, dans sa propre démarche « irrationnelle » de propagande, opère des glissements successifs entre l'humain et l'animal, et nous amène à nous identifier à des acteurs de plus en plus convaincants. En cela, il sème la confusion, brouille les espaces, et contrevient à la règle du grand partage.

Mais là n'est pas, à mon sens, le seul point de la controverse. L'effacement du grand partage pourrait, à la rigueur, être encore pardonné – quoique plus difficilement chez nous que dans les pays anglo-saxons, il suffit, pour s'en convaincre, de jeter un coup d'œil aux types d'arguments de la critique idéologique ou épistémologique adressés aux théories de l'éthologie de part et d'autre. Ce qui le sera moins, par contre, sera l'image attribuée à l'humain dans cette mise en analogie. Au cours d'un colloque en immunologie, Zahavi fut invité à faire part de l'apport de la théorie des signaux dans les processus impliquant les communications peptidiques[7]. Les chercheurs étrangers réunis étaient, pour la plupart, des biologistes spécialisés en immunologie, des cognitivistes et des médecins. La théorie de Zahavi était donc neuve pour eux. Zahavi leur exposa les grands principes de sa théorie du handicap et des signaux fiables sans faire référence, pendant la première partie de l'exposé, à son application aux communications neurologiques ou biochimiques. Il y fit appel, comme à son habitude, à des exemples animaux et humains. Ce sont les chercheurs français (mais aussi quelques collègues américains travaillant dans un laboratoire français) qui réagirent

6. Paul Feyeraband, *Contre la méthode. Esquisse d'une théorie anarchiste de la connaissance*, Seuil, Paris, 1979, p. 166 et 175.

7. *Immunology as a Cognitive Science*, Weizman Institute of Science, Rehovot, Israël, 17-21 avril 1994.

de la manière la plus hostile. On échangea des petits mots, en même temps que des gestes d'énervement et de réprobation : sur l'un de ces petits papiers qui circulaient, je pus lire, souligné et ponctué d'exclamations : *Ideology of competition!!!* L'un des assistants au colloque exprima ultérieurement son regret de voir l'éthologie renouer ainsi avec une vision aussi compétitive. Les exemples dont l'humain est la référence donnent de ce dernier, il faut le reconnaître, une image peu grandiose, et la littérature zahavienne présente de nombreuses illustrations d'une anthropologie qui ne nous est en général pas familière.

Ainsi, dans les écrits de Zahavi, l'on assiste, au fil du temps, à des glissements qui ne font que confirmer cette insistance sur la compétition. Dans un article de 1982 étudiant le rôle des vocalisations chez l'oiseau, Zahavi utilise l'exemple donné par Sherer « montrant les preuves de corrélations entre les stress psychologiques et les signaux vocaux chez l'homme [...]) ». Quelques paragraphes plus loin, on peut lire : « Les chanteurs savent généralement que même les petits changements de posture et de mouvements du corps affectent la qualité du chant. Les acteurs de théâtre sont entraînés à parler d'une façon appropriée à leur motivation particulière en imitant la posture et le mouvement de la personne qui possède cette motivation[8]. » En 1987, la même analogie revient, pour adopter cette fois une tournure métaphorique sérieusement plus guerrière et nettement moins innocente : « Les acteurs sur scène, dont la profession est de tricher avec leur public sur ce qui constitue leur réelle motivation, savent que pour émettre une voix qui manifeste une certaine motivation, ils doivent adopter la posture qui serait prise par le signaleur possédant cette motivation sur scène, et ceci est possible parce qu'il n'y

8. Amotz Zahavi, « The patterns of the vocal signal and the information they convey », *Behaviour*, 80, 1982, p. 1-8. On se souviendra, à l'occasion, que ce sont exactement ces mêmes arguments qu'utilisa William James pour démontrer l'origine périphérique des émotions et qui influencèrent toutes les recherches sur l'expression des émotions.

a pas de risque impliqué sur scène. L'acteur peut se détendre en menaçant son rival parce qu'il n'a pas besoin d'avoir peur d'une attaque. Dans la vie réelle, un inférieur qui se bat ne peut se permettre le luxe de détendre ses muscles alors qu'il menace un supérieur parce que le risque encouru du fait de la détente serait trop grand si le rival attaquait[9]. »

À propos de la nécessité du coût du signal pour la fiabilité du système, Zahavi avance une analogie plus explicitement guerrière encore : « Les adaptations de ce type devront impliquer que la compréhension du signal se fasse en relation avec les circonstances : le fait que le coût dans une situation particulière est élevé ou bas, ou ce que le signal signifie. Ceci peut être intuitivement compris : l'homme qui se tient debout sur le champ de bataille quand on ne tire plus n'est pas considéré comme courageux[10]. » Notre dernier exemple complétera ce qui précède, puisqu'il propose une interprétation des rituels de menace. Pour illustrer sa théorie traduisant les parades de menace comme des handicaps pris par les protagonistes pour rendre leurs signaux fiables, Zahavi écrit que « le coût impliqué par le fait de s'exposer au danger et d'être entendu par plusieurs rivaux et prédateurs maintient le niveau de la menace. Schelling a suggéré un autre avantage possible ; il a mis en évidence le fait que la déclaration d'intention par une partie lors des négociations et avant que celles-ci ne commencent renforce la position de la partie déclarante (si elle ne tient pas ses engagements, elle perd son prestige et le but spécifique des négociations). Dès lors, après une déclaration d'intention, la partie adverse s'attend à ce que la partie déclarante soit plus tenace dans les négociations. Une menace est similaire à une déclaration d'intention d'utiliser la force pour obtenir quelque chose du rival[11] ».

9. Amotz Zahavi, « The theory of signal selection », *loc. cit.*, p. 315.

10. Amotz Zahavi, « Reliability in communication systems and the evolution of altruism », *loc. cit.*

11. Amotz Zahavi, « Why shouting ? », *loc. cit.*

De même, la définition du rituel subit ce glissement vers une fonction plus compétitive. Là où la théorie classique assigne au rituel un rôle pacificateur d'inhibition des conflits, la théorie de Zahavi focalise son attention sur les conflits qui peuvent subsister dans toute relation coopérative : le rituel certes pacifie, mais parce qu'il met à l'épreuve les revendications de chacun des participants. L'accent est résolument placé sur la compétition qui en résulte. Nous retrouvons ici la métaphore qui avait donné naissance à notre fiction : « C'est possible pour un observateur, en voyant les gens marcher dans la rue, de prédire à la manière dont ils bougent ceux qui ne pourront que difficilement courir et ceux qui seront de bons coureurs. Mais si on veut les classer exactement selon leurs qualités de coureur, il sera nécessaire qu'ils montrent leurs capacités d'une façon standardisée[12]. »

L'art lui-même n'échappe pas au modèle compétitif, puisque le ballet – comme nous l'avons évoqué – est défini comme le lieu même de cette compétition : « Une personne qui ne connaît pas bien le ballet classique ne peut être capable de juger des différences entre deux bons danseurs. Même un expert peut rencontrer des difficultés pour les évaluer, à moins que les danseurs n'exécutent exactement le même mouvement. Je pense que ces styles de performance ne se sont pas développés afin de montrer qu'un danseur appartient à un style particulier, comme le ballet, mais afin de développer un style standard de compétition parmi les danseurs[13]. » Il s'agit encore également d'afficher sa supériorité ou son infériorité lors des vocalisations humaines, puisque, « lors de rencontres agressives, je suggère que le même individu peut menacer avec un signal “détendu” et de basse tonalité quand il est confronté à un individu qui lui est inférieur, et va augmenter le ton de sa voix quand il sera confronté à un individu supérieur[14] ».

---

12. Amotz Zahavi, « Ritualization and the evolution of movements signal », *loc. cit.*

13. *Ibid.*

14. Amotz Zahavi, « The patterns of the vocal signal and the information they convey », *loc. cit.*

Les relations entre parents et enfants n'échappent pas à la règle du conflit, et les comportements traditionnellement considérés comme les plus affectueux sont maintenant définis comme autant de tests imposés au partenaire de la relation : « Embrasser, enlacer, cajoler sont des phénomènes communs. Les enfants de beaucoup d'espèces peuvent infliger un stress physique à leurs parents en sautant sur eux, en s'accrochant à eux et en manipulant certaines parties de leurs corps (tirer, mordre) jusqu'à leur faire mal. Le saut d'un enfant sur le dos d'un parent épuisé revenant à la maison après son travail est un signal d'amour et d'affection. Pourquoi un signal devrait-il impliquer un stress ? Ces observations sont compréhensibles quand on accepte que la relation entre parents et enfants implique un intérêt commun *et* un conflit[15]. »

Ici me semble à l'œuvre ce que j'évoquais sous le terme de « propagande » : le réservoir d'expérience quotidienne des lecteurs, mais avec des faits réarrangés. Le conflit entre parents et enfants prend une allure beaucoup plus dure lorsque Zahavi, reprenant l'hypothèse de Trivers, tente de comprendre pourquoi les enfants crient si fort lorsqu'ils ont besoin de leurs parents. Le parent se trouve psychologiquement bouleversé par les cris, et va devoir choisir entre « deux mauvaises branches d'une alternative : il peut soit investir en nourrissant plus qu'il ne le ferait usuellement, soit risquer de perdre son enfant par le fait d'un prédateur » (qui serait attiré par les cris et pourrait localiser l'oisillon, par exemple). Les enfants humains aussi « forcent leurs parents à prendre soin d'eux en ayant une tendance à se mettre dans des situations dans lesquelles, si le parent ne les attrape pas à temps, ils pourraient tomber et se blesser. Une stratégie alternative consiste à se mettre à des places dangereuses comme le fait de s'asseoir au milieu de la rue[16] ». Dawkins, non sans humour, parlait à ce propos de la stratégie du « bébé chanteur[17] ».

15. Amotz Zahavi, « The testing of a bond », *loc. cit.*
16. Amotz Zahavi, « The theory of signal selection », *loc. cit.*
17. Richard Dawkins, *Le Gène égoïste*, *op. cit.*

De quoi cette anthropologie est-elle révélatrice ? Serait-elle, comme le réductionnisme social nous inciterait à le penser, le résultat de décennies de conflits ? La théorie zoologique qui en dérive ne serait donc, elle aussi, que la projection de rivalités politiques humaines dans la nature ? Et la vie du cratérope, le simple reflet de la tension des Israéliens entre deux idéaux désormais incompatibles : l'idéal coopératif et égalitaire du kibboutz et l'idéal libéral du modèle économique occidental ? La fiction du cratérope ne serait alors que le résultat d'un *Umwelt* marqué de guerre, de déceptions et d'idéal déçu, d'une vision du monde colorée par le renoncement et la résignation. Lorsque Zahavi parle de l'échec des kibboutz, il y voit la preuve de l'impossibilité de la théorie de la sélection de groupe : « Au kibboutz, toutes les positions sociales sont égales à l'origine. Comment inciter les gens à coopérer dans des conditions où c'est la même chose de bien travailler pour le kibboutz ou de ne pas le faire ? Un système de coopération, où le rang est égal pour tous, peut encourager les gens à bien faire pour conquérir ou améliorer leur statut aux yeux des autres. Dans les premiers kibboutz, tous étaient également pauvres, et la quête du statut se faisait à l'intérieur de la communauté. Mais les choses ont changé. Maintenant, les gens ne se contentent plus du statut face à la communauté locale. Ils veulent plus, être reconnus ailleurs. Le monde est plus vaste maintenant. Ou bien cela leur est égal. Alors certains ont cessé de travailler. Et le kibboutz est devenu le lieu du parasitisme social. Et les autres doivent travailler à leur place et les nourrir quand même. Cela aboutit à des conflits et des insatisfactions. Le kibboutz est la preuve que la sélection de groupe, ça ne marche pas. »

On peut faire l'hypothèse que le modèle de Zahavi ressemble étrangement à un modèle idéal de résolution des conflits entre le bien-être individuel et le bien-être du groupe, résolution dont le statut social serait le compromis efficace. La vie des cratéropes, en somme, ressemble à un kibboutz qui n'aurait pas été envahi par le modernisme. Il pourrait y avoir une série d'affinités électives entre une théorie de l'éthologie et un système économique en tension entre deux exigences : celles du libéralisme et de la compétition économique la plus dure, et celles de l'utopie d'un État bienveillant, accueillant et protégeant les plus démunis..

Mais prétendre que la vie des cratéropes ne serait que le reflet de la structure politique et sociale de l'État d'Israël me semblerait ici, après tout le chemin parcouru pour éviter le réductionnisme, injuste. Injuste car cela reviendrait finalement à dire que le vrai s'explique par la nature, le faux par la société[18]. L'espace de l'équilibre, s'il est moins incisif dans la critique, s'il s'en laisse conter parfois, s'il laisse fort emmêlé l'écheveau des liens et inexplorées certaines apories, tente de garder, pour celui qui parle et celui dont on parle, le même respect. Inversement, imaginer réduire la vision du kibboutz à la simple influence des cratéropes – comme si Kropotkine avait été anarchiste parce que les terres de Sibérie contredisaient Malthus – reviendrait à penser que la nature détermine totalement notre vision du social.

Tous les produits de cette théorie gagnent à rester suspendus dans cet espace de l'équilibre, l'espace des hybrides. Le statut d'hybride entre nature et culture préserve la complexité de ce qui a présidé à la constitution et à la mise en représentation de ce que l'on voudrait voir se tisser et se lier comme un beau tissu qui unirait l'État d'Israël, le libéralisme économique, la solidarité et les opérations « Tapis volant », le désert, les soldats et la guerre, les kibboutz, les cratéropes, les danses et les cadeaux, le pain distribué, les chercheurs, la théorie du handicap, etc.

Ce statut d'hybride nous préservera peut-être de l'anthropocentrisme qui me guette à chaque pas dans ma démarche, puisque, à force de vouloir faire de la zoologie une leçon d'anthropologie, je suis moi-même sans cesse tentée d'effacer le pôle nature. Ne suis-je pas en train d'oublier que, moi aussi, j'ai vu les cratéropes danser ?

---

18. Bruno LATOUR, *Nous n'avons jamais été modernes*, *op. cit.*, p. 13.

6

LES MODÈLES ET LES FICTIONS

« Il est remarquable – écrit Karl Marx à Friedrich Engels en 1862 – de voir comment Darwin reconnaît chez les animaux et les plantes sa propre société anglaise, avec sa division du travail, sa concurrence, ses ouvertures de nouveaux marchés, ses "inventions" et sa malthusienne "lutte pour la vie"[1]. » En 1875, dans une lettre à Piotr Lavrov, Engels reprendra et complétera cette critique avec des mots qui semblent plus concerner le darwinisme social que la théorie de l'évolution : « Après que le tour de passe-passe a été réalisé [la transposition de la société à la nature], les mêmes explications sont transférées en retour de la nature à la société et on affirme que l'on a prouvé leur validité en tant que lois éternelles de la société humaine[2]. »

Ce tour de passe-passe constitue ce que Richard Lewontin a nommé, dans sa critique de la sociobiologie, le processus *de dérivation en retour*[3]. Il prend souvent, dans sa première étape, comme le note Marx, l'allure d'une application naïve de nos catégories sociales au monde naturel.

---

1. Karl Marx, « Lettre à Engels de juin 1862 », *in idem, Lettres sur les sciences de la nature*, Éditions sociales, Paris, 1973.
2. Friedrich Engels, « Lettre à Piotr Lavrov de novembre 1875 », *in ibid.*
3. Richard Lewontin, Steven Rose et Leon Kamin, *Nous ne sommes pas préprogrammés. Génétique, hérédité, idéologie*, La Découverte, Paris, 1985, p. 311.

Dérivation en retour et stratégie du bourgeois

J'ai souligné, en introduction, le fait que la stratégie du bourgeois constituait un exemple d'anthropomorphisme de ce type. L'utilisation des concepts de bourgeois et de propriété semble apporter une légitimité naturelle à notre système économique fondé sur la propriété puisque le jeu évolutionnaire qui décrit la stratégie du bourgeois la considère comme le mécanisme régulateur des conflits. Pour la situer, souvenons-nous des stratégies faucon-colombe. La stratégie évolutionnairement stable, nous l'avons noté, consiste en un équilibre instable entre les deux stratégies. Le modèle se nuance et se stabilise avec la stratégie du bourgeois qui consiste à adopter la stratégie faucon lorsque l'on est propriétaire du bien convoité par autrui, et la stratégie colombe lorsque l'on est celui qui convoite. La fiction du laboratoire artificiel montre que la stratégie du bourgeois rapporte, en moyenne, le gain le plus élevé.

Les exemples, recrutés chez les épinoches aussi bien que chez les babouins filmés par Hans Kummer, sembleraient confirmer la validité du modèle. Mais en réalité, tout ce que l'on peut dire en observant les épinoches, c'est que l'animal qui participe à un conflit territorial manifeste, en cette occasion, un conflit de motivations ou d'émotions contradictoires : la motivation d'attaquer ou l'émotion agressive, la motivation à fuir ou l'émotion de peur. Or, ce que l'on constate, c'est que plus l'épinoche est au centre de son propre territoire, plus sa motivation à agresser semble forte, et plus elle s'en éloigne, plus sa motivation à fuir semble augmenter. Voilà ce que la stratégie du bourgeois décrit, et rien de plus. Ce qu'elle ne peut pas permettre d'affirmer – et que l'on affirme néanmoins, comme le montre cette phrase de Maynard Smith –, c'est que la propriété est considérée, par convention, « comme le paramètre décisif qui règle les conflits ».

On pourrait dire que par un processus de dérivation en retour, une métaphore est vidée de son pouvoir métaphorique, analogique. La métaphore devient alors une métaphore morte, une catachrèse, et il n'y a plus d'autre terme pour désigner ce qu'elle désigne. Quand les métaphores se transforment en catachrèses, les modèles acquièrent le pouvoir de légitimer les pratiques de dérivation en retour et de naturalisation de systèmes moraux, économiques et sociaux. Darwin devait intuitivement le pressentir lorsqu'il mettait en garde ses lecteurs de *L'Origine des espèces* contre l'utilisation étroite et non métaphorique de la notion de *concurrence vitale*. On a vu ce qu'il en est advenu avec Herbert Spencer et les eugénistes qui suivirent.

Dans la théorie de Zahavi, deux métaphores retiennent notre attention : d'abord celle de hiérarchie, puis celle du coût.

Le concept de hiérarchie est, depuis quelques années, la cible de nombreuses critiques. Selon Lewontin, ce concept participe du processus de dérivation : concept réifié, il induit la croyance que la hiérarchie est une catégorie naturelle. Très souvent, il résulte d'observations partiales aboutissant à une catégorisation sommaire. On peut remarquer, par exemple, que ce qu'un éthologue homme décrit comme « dominance » est bien différent de ce qu'une éthologue signifie par ce même vocable : chez le premier, la dominance fait référence au fait de se servir en premier, bousculer, menacer, prendre. Chez la seconde, « le mot rapporte à une manière de tisser autour de soi un réseau affectif, une série d'échanges affiliatifs, de communications agréables qui structurent le groupe », comme l'écrit Boris Cyrulnick, commentant le travail de Strum[4].

Les études sur ce qu'on a appelé la hiérarchie de dominance tendent généralement à se focaliser sur un seul paramètre, par exemple l'accès à la nourriture ou aux femelles. Il y a cependant de bonnes raisons de penser que, dans plusieurs espèces, la position occupée par un individu dans une hiérarchie de dominance, fondée sur un paramètre donné, ne coïncide pas avec la position occupée par le même individu dans une hiérarchie fondée sur un

4. Boris Cyrulnik, « Préface », *in* Shirley Strum, *Voyage chez les babouins*, *op. cit.*.

autre paramètre[5]. On peut créditer Zahavi de prendre en compte ce second paramètre et d'assouplir ou d'affiner les catégorisations, d'avoir pu – à nouveau – percevoir quelque chose de différent dans ce qui semblait similaire. Mais rien ne nous permet de penser que seuls deux paramètres doivent être pris en compte. En témoigne, en effet, une caractéristique remarquable de la théorie : comme nous l'avons souligné à la suite de Jon, un acteur manque singulièrement dans cette histoire. La femelle n'apparaît ici que dans un pâle rôle de figurant. La dominance et le contrôle social du groupe sont toujours considérés du point de vue des mâles. Le pouvoir ou le statut des femelles ne sont jamais évoqués. Qui s'est posé la question de savoir si les femelles dansaient ? Le système théorique est entièrement bâti sur les stratégies de la moitié de l'espèce, sans jamais prendre en compte l'autre moitié. Ceci n'est pas sans lien avec le contexte de justification : quel que soit le statut des femmes, seuls les éthologues mâles mènent de réelles recherches sur le terrain de Zahavi. Une jeune postdoctorante américaine – dont les compétences étaient, semble-t-il, de très haut niveau – était venue observer les cratéropes. Elle effectuait des recherches très pointues sur leur code génétique dans un laboratoire aux États-Unis et sa directrice l'avait envoyée en Israël pour qu'elle ait l'occasion de « voir ce qu'il y avait autour de l'ADN ». Malgré son haut niveau de compétence, la jeune scientifique s'est vue confinée aux tâches subalternes et aux techniques de recensement. Il semble bien qu'il y ait ici, de manière claire, une « affinité élective » entre un système culturel d'organisation très asymétrique des rapports de pouvoir en fonction du genre et des théories ornithologiques peinant à reconnaître aux femelles un véritable rôle social.

La métaphore du coût n'est pas, elle aussi, sans poser quelques problèmes : rien, en effet, ne nous permet d'affirmer que les liens établis entre les coûts et les statuts, dans les exemples choisis chez

5. Richard Lewontin, Steven Rose et Leon Kamin, *Nous ne sommes pas préprogrammés*, *op. cit.*, p. 200

l'humain, ne soient pas eux-mêmes le résultat d'un processus de dérivation en retour, du changement de la métaphore en catachrèse : « Le processus par lequel un signal peut être perdu à cause de la réduction du coût est analogue au processus inflationniste [...]. Quoique le système culturel ne soit pas un simple processus évolutionnel biologique, il semble probable qu'il obéit à des règles similaires dans la mesure où il est aussi un système de compétition. Du XVIe au XVIIIe siècle, la dentelle était largement utilisée en Europe. À cette époque, elle était faite à la main et coûtait plus cher que l'or. Le prix de la dentelle fut fortement diminué quand les machines à broder furent introduites au XIXe siècle, et cette réduction permit à la plupart des gens de porter de la dentelle pour orner leurs vêtements. Alors qu'auparavant les gens qui utilisaient la dentelle pour orner leurs vêtements l'utilisaient en grande quantité, son usage commun cessa en une très brève période après la mécanisation de sa fabrication. Je suggère que ces dentelles furent démodées parce qu'elles ne pouvaient plus être un signe extérieur fiable de richesse[6]. »

Et quelques années plus tard, dans le même ordre d'idées, Zahavi écrit : « Le principe du handicap établit une connexion logique entre les modèles particuliers du signal et le message qui y est encodé. Cela suggère que pour chaque message il y a un signal optimal qui amplifie le mieux l'asymétrie entre le tricheur et le signaleur honnête. Par exemple, gaspiller son argent est un signal fiable de standing dans la mesure où un individu pauvre n'a pas d'argent à jeter ainsi [...][7]. »

Cette classification en termes de coût est issue de la théorie des jeux évolutionnaires, mais en identifiant le coût et la fiabilité, elle en déborde cependant le cadre. Le changement du coût métaphorique (dépenses d'énergie, de temps, de ressources, risques face aux prédateurs, etc.) en coût catachrétique (l'argent que l'on

6. Amotz Zahavi, « The theory of signal selection », *loc. cit.*, p. 310.
7. Amotz Zahavi, « The fallacy of conventional signalling », *loc. cit.*, p. 227.

dépense) nous donne les signes du glissement qui est en train de s'opérer : le signal fiable apparaît être un concept proche de celui de crédibilité de Pierre Bourdieu. Si l'on se réfère à l'analyse qu'en donne Latour, on pourrait penser que la nouvelle classification et ses métaphores facilitent la synthèse des notions économiques et épistémologiques (certitude, doute, preuve) : le crédit accordé au signal y est à la fois un crédit économique et un crédit épistémologique, « ce qui fournit à l'observateur une vision homogène et brouille les divisions arbitraires entre les facteurs économiques, épistémologiques et sociologiques[8] ». Cette confusion, ce brouillage, pourrait masquer un certain nombre d'enjeux, et l'histoire des amours entre la biologie et l'économie en est un véritable nid. Mais la dénonciation de cette confusion se révèle elle-même porteuse d'enjeux, et nous offre ici l'un des signes de notre très fort attachement à la séparation des domaines.

Modèles sociaux, catachrèses et Umwelt

Le processus de dérivation à l'origine de cette confusion est issu d'un processus en deux étapes. Au cours de la première, on applique, pour comprendre ou décrire l'animal, un modèle anthropomorphique de type particulier : le modèle social. On « reconnaît », chez l'animal, un modèle de sa propre société – différent du modèle d'identification simple qui permet de parler, à propos de l'animal, du fait qu'il cherche, pense ou danse. Lors de la deuxième étape, on opère une sorte de « naturalisation » des pratiques humaines qui ont joué le rôle du modèle au cours de la première étape de la mise en catégories du monde naturel. Cette double opération se pratique de manière implicite au cours d'une procédure qui efface les traces du passage dans l'un et l'autre pôles, et qui évince de l'histoire les conditions de sa production. Ainsi, par un sophisme étonnant, l'animal embourgeoisé non seulement légitime mais moralise la propriété comme un droit naturel qui

8. Bruno Latour, *Nous n'avons jamais été modernes*, *op. cit.*, p. 254.

pacifie le monde en en régulant les conflits. C'est ce processus qui, selon moi, transforme une métaphore en catachrèse : le bourgeois ou le coût ne désignent plus une analogie, comme le pied-de-biche ne désigne plus l'objet par analogie avec sa forme naturelle, mais désigne la chose elle-même. Preuve en est qu'il n'y a plus d'autres mots pour la désigner.

C'est ici qu'apparaissent les limites de la théorie de Zahavi. Bien sûr, lorsque la métaphore reste vivante, il ne s'agit pas d'un processus de dérivation en retour, mais d'une analogie à valeur heuristique ou, plutôt, pédagogique. Seul l'attachement au grand partage pourrait conduire à la critique de la procédure. Mais dès que la métaphore n'en est plus une, le processus cesse de respecter la logique vivante des comparaisons, et fonde un sophisme dont la forme classique – et amusante – se présente généralement de cette manière : tout homme est poussière, il y a de la poussière sous mon lit, il y a donc un homme sous mon lit.

Le processus de dérivation n'a fait chez aucun des commentateurs de la théorie de Zahavi l'objet d'une critique. Il est possible que le fait de baigner dans une culture moins scientifique d'abord, européenne latine ensuite, m'y ait rendue plus attentive – et plus susceptible, dès que l'on y mêle l'humain. Il est possible aussi que les habitudes des éthologistes de ces dernières années, et surtout leur façon d'exprimer leurs théories (pensons, par exemple, à Dawkins), ont créé un champ métaphorique dont les conventions sont tellement connues et implicites qu'il n'est nul besoin de les rappeler. Les exemples recrutés chez l'humain ne sont peut-être, dans cette perspective, qu'une manière presque conventionnelle d'être pédagogique et de créer un effet de réalité.

Si cette critique ne fut donc pas, à ma connaissance, explicitement formulée, d'autres ne manquèrent pas de remettre en question la validité du modèle. Des limites empiriques ont été formulées, soit parce que les pratiques expérimentales ne confirmaient pas la théorie, et l'on se souviendra, à titre d'exemple, des expériences de Slotow sur les moineaux dont on a changé la couleur du plumage, soit parce que la théorie contredit la logique de l'évolution : Marian

Dawkins et Tom Guilford ont, par exemple, souligné que le modèle n'accordait pas assez d'importance au coût engendré par le fait de recevoir le message[9]. Un message coûteux peut l'être aussi pour son destinataire, en termes de perte de temps, de risques d'être atteint de maladies dont le signaleur serait porteur en restant proche de lui, auquel s'ajoute le fait d'être plus facilement repéré par un prédateur en se tenant auprès d'un individu voyant, etc. En conséquence de quoi, plus le message est coûteux au signaleur, plus il peut l'être également pour le receveur. Dans la logique de l'évolution, cela devrait avoir pour conséquence de diminuer les coûts des deux parties en substituant aux signaux coûteux des signaux plus conventionnels, mais évidemment moins fiables.

D'autres éléments issus de la théorie des jeux évolutionnaires semblaient également devoir mettre le modèle en question. Nous allons y revenir.

Une autre limite a été mise en évidence par Marian Dawkins ; elle remet en question la nécessité du coût dans la définition du signal[10]. Définir le signal comme coûteux inscrit le raisonnement dans une définition récursive : qu'est-ce qu'un signal ? C'est une information coûteuse. Comment appeler une information coûteuse ? Un signal ? Mais cette définition, dans sa rigoureuse simplicité, construit un artefact. N'est, en fait, un signal qu'un signal qui nous apparaît à nous. Et notre *Umwelt* est tel que seuls les signaux coûteux à l'animal nous sont accessibles. Une conspiration de murmures (comme le disent Dawkins et Guilford) dans une relation peu conflictuelle – comme celle entre dauphins – ne sera pas définie comme un échange de signaux, et ne sera donc pas prise en compte dans l'analyse.

Le monde barré par notre *Umwelt* ne nous donne comme signal que ce qui nous signale avant tout à nous. Et s'il nous signale à nous,

9. Marian Dawkins, « The corruption of honest signalling », *An. Behav.*, 41, 1991, p. 865-873.

10. Marian Dawkins, « Are there general principles of signal design ? », *Phil. Trans. R. Soc. Lond.* 340, 1993, p. 251-255.

malvoyants et malentendants, c'est parce qu'il est le résultat d'une dépense considérable[11]. Le signal n'est donc coûteux que parce que nos systèmes visuel et auditif laissent échapper les signaux qui le seraient moins. Ainsi, la femelle du coq de bruyère choisit son mâle en fonction de critères particuliers, auxquels nous n'avons pas accès. Pourtant, le choix n'est pas fait au hasard et de bonnes raisons ont laissé penser à Rauno Alatalo, Jacob Högland et Arne Lundberg que ces critères existent[12] : tous les mâles choisis par les femelles survivent dans les six mois après l'accouplement sans que nous puissions savoir ce qui a permis aux femelles de le prédire de manière aussi fiable. Le signal défini par le coût ne serait donc, dans cette perspective, que l'un des sous-ensembles de la catégorie des signaux.

L'argument de Marian Dawkins prend la forme de l'argument classique des controverses en éthologie – dont nous avons déjà parlé – puisque la critique remet en question la compétence des observateurs à voir ce qui doit être vu ou à créer ce qui doit être créé. L'argument ici n'est cependant pas utilisé contre tel ou tel observateur, mais plutôt contre la généralisation de théories par trop dépendantes de notre propre *Umwelt.*

Les contextes d'émergence et les obstacles

On pourrait penser qu'il a fallu beaucoup de temps pour que la théorie de Zahavi soit acceptée. Si l'expression est juste au sens rhétorique, elle ne l'est pas au sens littéral. Le temps n'y a rien fait, et c'est plutôt le moment qui a été décisif dans l'avenir de cette théorie. Mais il est vrai aussi que Zahavi dut attendre longtemps dans l'indifférence ou l'incompréhension. Et cette indifférence ou cette incompréhension ne sont pas étrangères au fait qu'il ne « joue pas le jeu », c'est-à-dire qu'il n'expérimente pas, donc ne peut pas prétendre imposer sa fiction face aux autres, et

11. *Ibid.*

12. Rauno ALATALO, Jacob HÖGLAND et Arne LUNDBERG, « Lekking in the black grouse, a test of male viability », *Nature*, 352, 1991, 155-156.

que son langage anthropomorphique et anecdotique l'a desservi dans les rencontres scientifiques. Le « jeu scientifique » est non seulement ignoré par Zahavi, mais il peut même arriver qu'il s'en moque ouvertement : « Les cratéropes, dit-il, sont de merveilleux oiseaux pour les éthologistes. Quand nous faisons une expérience, nous faisons des prédictions. Si les oiseaux ne font pas ce que nous avons prédit, on leur enseigne, et puis, on refait l'expérience et ils confirment ce que nous prédisons[13]. »

Tout – hormis, peut-être, l'efficacité de certains aspects de sa *propagande* – devait donc s'opposer tant à l'acceptation qu'au rejet ouvert de cette théorie. J'insiste ici sur le fait que la théorie provoquait de l'indifférence plus qu'un phénomène de rejet. Une théorie qui *n'intéresse personne* – comme le souligne Stengers – ne donne lieu à aucune controverse, et tombe dans l'oubli sans être sanctionnée par ceux qui « jouent le jeu »[14].

Les mêmes facteurs qui avaient favorisé l'émergence d'une théorie originale se sont opposés à sa réception dans les milieux scientifiques : on peut imputer à l'éloignement d'Israël et de l'université de Tel Aviv des grands centres universitaires la possibilité de créer des hypothèses ou des méthodologies aussi peu académiques – ailleurs, me dit Jon, à Oxford ou à Cambridge, les choses n'auraient sans doute pas pu se produire, et les pressions auraient été d'un autre ordre[15]. Ce qui joua en la faveur de la théorie pesa donc aussi en sa défaveur : son modèle restait, aux yeux de nombreux éthologistes, marginal et quelque peu fantaisiste. Le caractère anecdotique des faits et le refus de l'expérimentation ne permettaient pas à la théorie de remplir les exigences propres à ce domaine. Au début des années 1980, les idées de Zahavi semblaient même constituer un obstacle : une revue scientifique refusa certains articles parce qu'il s'intéressait à l'altruisme, et non pas au pseudo-altruisme. À ces éléments, qui semblent constituer

13. Amotz Zahavi, communication personnelle.
14. Isabelle Stengers, *L'Invention des sciences modernes*, *op. cit.*
15. Jonathan Wright, communication personnelle.

une bonne illustration du contexte de justification, s'ajoutèrent les questions plus techniques du nouveau type de laboratoire. Celui-ci pouvait, en effet, revendiquer la mise à l'épreuve des énoncés impliqués par la théorie du handicap.

Les modèles probabilistes et la mise en scène des caractères

Ainsi, Mark Kirkpatrick, dans un article au titre révélateur – « Le principe du handicap ne marche pas » –, démontre que les modèles génétiques probabilistes penchent en faveur de l'hypothèse classique[16]. Rappelons que cette dernière stipule que la sélection sexuelle peut non seulement être inadaptative, mais qu'elle peut, en outre, aller à l'encontre de la sélection naturelle.

La mise en scène de cette démonstration mérite que l'on s'y arrête un instant. Il s'agit, en définitive, de mettre en présence et d'éprouver la validité de deux hypothèses antagonistes : la première, l'hypothèse classique de Fisher, postule que les préférences des femelles vont agir sur l'évolution des mâles, de manière telle que la sélection sexuelle ira à l'encontre de la sélection naturelle et produira des formes qui affectent de manière négative leurs possibilités de survie ; la seconde, récente, postule le fait que les préférences des femelles et la force de la sélection sexuelle générée par ces préférences vont se développer de manière adaptative et accroître la sélection individuelle. La confrontation des fictions ne se fera ici ni sous la forme de l'enquête ni sous celle du procès. Elle ressemble plutôt à la « mise en réalité » d'entités « purifiées » dans des éprouvettes imaginaires. Le laboratoire fictionnel ressemble dès lors au laboratoire du chimiste… voire de l'alchimiste créateur de vies futures.

Les objets fictionnels mis en scène par Kirkpatrick sont des objets particuliers : les loci et leurs allèles. Ils jouent le rôle de masques comme dans le théâtre italien : ils déterminent des carac-

16. Mark Kirkpatrick, « The handicap mechanism of sexual selection does not work », *Am. Nat.* 127, 1986, p. 222-240.

tères. Les caractères seront ceux de la viabilité, *v*, du handicap, *h*, et de la préférence des femelles pour ce handicap, *p*. Ces caractères vont entrer en interaction dans les éprouvettes que seront les équations, et créer entre eux des systèmes d'affinités électives. Ils s'exprimeront en termes mathématiques de fréquence moyenne (leur répartition dans la population), fréquence différentielle (l'effet de la sélection différentielle), covariance et corrélation (comment la fréquence de l'un diminue ou augmente en rapport avec la fréquence de l'autre). Chacun de ces caractères est introduit dans un système d'équations qui sera réitéré un certain nombre de fois, jusqu'au moment où le système atteint l'équilibre. Chacune de ces réitérations constitue et définit les fréquences phénotypiques à chaque génération. Elles créent donc autant de vies imaginaires futures au départ de composants simples. Je n'entrerai pas dans les détails techniques et fastidieux du modèle.

Il est cependant intéressant de noter que les enjeux de cette simulation apparaissent clairement dès les prémisses : le mécanisme du handicap est entièrement indéterminé du point de vue de l'évolution, c'est-à-dire que, pour un ensemble de paramètres donnés, on peut aboutir à des résultats très différents lorsque l'on atteint l'équilibre. Les préférences des femelles peuvent donc se stabiliser à n'importe quel degré arbitraire du développement. Kirkpatrick défend l'idée d'un indéterminisme total des préférences et de l'évolution des caractères sexuels secondaires ; ensuite, le fait que cette coévolution peut s'avérer fortement contraire à l'adaptation et qu'elle n'est tout au plus – et au mieux – que la réalisation d'un compromis entre sélection naturelle et sélection sexuelle. Ces prémisses sont généralement celles des théoriciens critiques du pan-sélectionnisme. Leur présence dans cet article permet de mieux comprendre la source du désaccord avec la théorie zahavienne qui est, à de nombreux égards, hyper-adaptationniste.

La simulation de fictions ne peut donc se résumer à la mise à l'épreuve de narrations toutes également plausibles. Chacune d'entre elles reçoit, quand elle est introduite dans l'ordinateur sous forme d'une équation, une tâche à résoudre qui n'est pas nécessairement décrite dans la fiction – mais peut l'être parfois dans son contexte. La mise en scène qui permet à Kirkpatrick d'illustrer ses enjeux théoriques semble omettre certains personnages importants de la pièce, et peut-être même les personnages tout court. En réduisant le rôle du handicap au seul signal à l'intention des femelles, et son évolution à la seule interaction du choix préférentiel et du fardeau qu'il constitue pour la survie, Kirkpatrick opère une double réduction. La première consiste à envisager un monde de génotypes simples (l'acteur, c'est le masque), une réduction du vivant au niveau du « chimique » ou à des entités simples. La seconde, liée à la première, réduit la fonction du signal. Nous avons eu l'occasion de voir que le signal peut avoir été sélectionné grâce à de multiples fonctions communicantes : ainsi, un signal qui indique à la femelle la valeur d'un mâle peut, en même temps, informer le prédateur de la difficulté à se saisir de sa proie potentielle ; l'exemple du saut chez l'antilope ou la gazelle n'en est qu'une des nombreuses illustrations. La viabilité du mâle ne sera donc pas affectée de manière univoque par la présence du handicap, et les interactions des trois caractères (*v*, *h* et *p*) doivent alors se compliquer singulièrement. On peut poursuivre en imaginant l'effet du handicap sur le statut de celui qui en est porteur : la préférence des femelles ne sera plus seule à jouer un rôle déterminant, notamment dans la facilitation de son accès aux ressources. La survie de la femelle elle-même peut être prise en compte, puisque le choix d'un mâle extravagant, donc voyant, doit certainement affecter sa propre viabilité dans un sens ou dans l'autre.

La source du désaccord avec la théorie de Zahavi est donc double : d'abord, au niveau des choix épistémologiques et ontologiques (l'indéterminisme et l'arbitraire des choix, la non-adaptation des traits sélectionnés) ; ensuite, au niveau de la mise en scène du modèle, puisque les génotypes construits par Kirkpatrick débouchent sur des phénotypes quasi monadiques dont les corrélations se limitent à des facteurs isolés et artéfactuels[17].

---

17. Shirley Strum a manifesté son découragement et sa colère (*Voyage chez les babouins*, *op. cit.*) devant ce que l'on pourrait appeler la « prise de pouvoir »

Mark Kirkpatrick reprend les modèles mathématiques de Maynard Smith, Davis et O'Donald à la fois pour les modifier et en confirmer la validité. Ces modèles semblaient tous mettre en cause la validité de l'explication par le mécanisme du handicap. Il faut néanmoins souligner que les modèles mathématiques de Eshel, Wrest-Eberhard, Dominey, Nur et Hasson, Kodric, Brown et Brown, conçus entre 1978 et 1984, arrivaient, quant à eux, à la conclusion inverse : la théorie du handicap pouvait être artificiellement validée.

Selon Zahavi, et en dépit de cette controverse, la théorie devait connaître encore quelques années de difficultés avant d'être sérieusement prise en compte. On peut s'interroger sur cette impression d'indifférence si l'on considère que les revues publiaient quand même ses articles – sa bibliographie le montre – et que de grands noms de la sociobiologie étudiaient son modèle, certes pour s'y opposer, mais en acceptant d'y consacrer du temps, de l'énergie et des publications. Le sentiment d'une non-reconnaissance n'en persistait pas moins chez Zahavi. Ainsi, il avait demandé qu'on l'invite à Oxford pour s'expliquer parce que, disait-il, personne n'avait jusqu'alors pris la peine de comprendre la totalité de sa théorie. Cela eut lieu ; mais il revint avec l'impression de ne pas avoir été écouté. Plus généralement, les chercheurs n'auraient, selon lui, pas compris le modèle proposé.

On peut émettre ici une hypothèse plausible : Zahavi, ici encore, ne « joue pas le jeu » scientifique. Il apparaît en effet, lorsque l'on passe en revue la littérature publiée entre le début des années 1980 et le milieu des années 1990, qu'il n'a jamais répondu aux critiques par le biais d'articles, à l'exception de celui

des modèles sur la réalité. Elle rapportait du terrain où elle avait observé les babouins *Papio anubis* des données qui contredisaient sérieusement les théories de la dominance chez les primates, et plus spécifiquement chez les babouins. Elle se trouva confrontée à une véritable levée de boucliers. Un des arguments de ses collègues fut de lui faire remarquer que les modélisations mathématiques de la théorie des jeux contredisaient, de manière très claire, les stratégies que lui semblaient révéler ses observations.

de Heinz Richner en 1993[18]. Il faut noter, de surcroît, que cet article ne remettait pas la théorie en cause, mais proposait un élargissement de la définition du signal – pour y inclure des éléments du monde inanimé comme la taille du territoire qui peut jouer le rôle du handicap – et quelques éclaircissements sur la notion de rituel. Zahavi, en ne jouant pas le jeu de l'échange public et conflictuel des fictions, a compromis ce qui constitue l'essence même du travail scientifique.

Si l'article critique de la sociobiologie qu'il publie en 1981 semble répondre, d'une manière plutôt générale, à la critique que lui adressent les modèles mathématiques, il ne permet toutefois pas l'échange conflictuel des fictions : il se place sur un autre terrain en réfutant le lieu artificiel de l'expérience. Selon Zahavi, les modèles mathématiques ne sont d'aucune utilité pour ou contre sa théorie parce qu'ils ont été appliqués « pour interpréter les relations sociales en utilisant des modèles génétiques probabilistes simples [...]. En fait, les animaux que j'ai connus sur le terrain réagissent de manière hautement variable. Le même individu va attaquer, menacer, fuir ou éviter l'interaction, selon les circonstances. Les réactions semblent déterminées par les informations récoltées plutôt que par un programme préinstallé activé par de simples signaux arbitraires[19] ».

Les jeux de miroirs dans l'échange des fictions

Si l'on se souvient de l'hypothèse de Zahavi concernant la façon dont un mâle « évince » les mâles subordonnés lorsqu'ils tentent d'interférer au moment de l'accouplement, on retrouve ici encore, l'« effet de miroir » que nous avions envisagé. Maintenant que nous avons analysé la manière dont Zahavi « gère » le jeu

18. Heinz Richner, « Assessment of expected performance and Zahavi's notion of signal », *An. Behav.* 45, 1993, p. 399-401. Pour la réponse : Amotz Zahavi, « Some clarifications of the notion of signals : a reply to Richner », *An. Behav.* 45, 1993, p. 402.

19. Amotz Zahavi, « Some comments on sociobiology », *loc. cit.*

scientifique, nous pouvons avancer une hypothèse. Observons attentivement sa stratégie : que fait-il lorsqu'il ne « joue pas le jeu » ? Il refuse le conflit direct en se situant toujours sur un autre terrain que celui où le débat a lieu. On pourrait dire que lorsque des collègues interfèrent dans sa relation avec les objets scientifiques – en lui proposant, sur le mode conflictuel du débat contradictoire, de l'expérimentation réelle ou virtuelle, des fictions alternatives –, Zahavi leur raconte des histoires, les ignore ou réaffirme sa théorie sans donner ses « raisons », sans entrer dans le conflit – voire en invoquant que s'ils ne sont pas d'accord, c'est parce qu'ils n'ont pas compris. Ceci ressemble à un argument d'autorité : ne pas vouloir donner ses « raisons », c'est à la fois refuser le jeu scientifique, l'échange fondé sur la rationalité (la raison) et, en même temps, le jeu du débat démocratique de la représentation devant le tribunal qui règle les conflits entre fictions. Plutôt que de tenter une analyse du sens de cette stratégie, je proposerais une analogie étonnante qui constitue ce « jeu en miroir » : Zahavi utilise la stratégie du handicap, que l'on a vue à l'œuvre chez le mâle alpha lorsqu'un mâle subordonné interfère dans ses relations. Il refuse le conflit et affirme sa supériorité et son statut en situant la réponse sur un autre terrain, à un autre niveau : l'oiseau, souvenons-nous, toilette, offre un cadeau, ou encore ignore le rival. C'est un handicap dans la mesure même où il affirme par cette exhibition performative : « J'ai les moyens de ne pas entrer en conflit, je peux supporter cette intrusion, j'ai les moyens de me passer de cette méthode conflictuelle dans laquelle l'autre pourrait m'engager. » Zahavi, en refusant le jeu du conflit et du débat scientifique, affirme peut-être, de la même manière que l'oiseau, que la théorie possède en elle-même le pouvoir de l'évidence, le pouvoir de convaincre sans qu'il soit besoin d'en passer par le tribunal de l'expérimentation.

Les modèles mathématiques et les laboratoires fictionnels

Un personnage important occupe, tout au long de cette histoire, le devant de la scène : Richard Dawkins. Nous avons déjà eu l'occasion d'y faire référence, mais sans mentionner son rôle très influent dans le domaine de l'éthologie : ses livres rencontrent un succès grandissant dans les milieux universitaires et non universitaires ; il a collaboré avec Marian Dawkins, John Krebs, Helena Cronin, John Maynard Smith et beaucoup d'autres encore. En 1978, dans la première édition du *Gène égoïste*, il émet des commentaires sceptiques, voire moqueurs : la théorie du handicap, « exaspérément contradictoire [...] reste au travers de la gorge[20] ». Il invoque d'abord des arguments logiques : « J'ai mis en évidence que la conclusion logique devait être l'évolution de mâles avec seulement une jambe et un œil. Zahavi, qui vient d'Israël, m'a répondu instantanément : “Certains de nos meilleurs généraux n'ont qu'un œil”. » À l'argument logique – qui comme de nombreux arguments de Dawkins semblent plus nocifs par le ton badin et les exemples caricaturaux que par leur logique – succède l'argument d'autorité : « Aussi longtemps qu'elle n'est formulée qu'en mots, on ne peut être sûr qu'elle marche ou non. Jusqu'à présent, les mathématiciens de la génétique qui ont essayé de rendre compte du principe du handicap en un modèle qui fonctionne ont échoué. Peut-être est-ce dû au fait que le principe ne peut fonctionner, ou bien que les mathématiciens ne sont pas assez malins. L'un d'entre eux étant Maynard Smith, je favoriserais plutôt la première possibilité. »

Quelques années plus tard, en 1989 plus exactement, dans la seconde édition du même ouvrage, de longs passages rendent justice à la théorie du handicap. L'étude des changements entre les deux éditions nous montre où se situe l'événement ayant eu ce rôle de levier : après le passage que nous venons de citer, s'ajoute à présent une note importante dont voici un extrait : « La

20. Richard Dawkins, *Le Gène égoïste*, *op. cit.*, p. 159-160.

théorie de Zahavi semble maintenant beaucoup plus plausible que lorsque j'avais écrit ce passage. Plusieurs théoriciens respectables ont récemment commencé à la prendre au sérieux. Ce qui me tracasse le plus, c'est que cela inclut Alan Grafen dont il a déjà été dit et écrit qu'il avait l'habitude ennuyeuse d'avoir toujours raison. Il a traduit les idées de Zahavi en un modèle mathématique et a montré que cela marchait. Et ce n'est plus un pastiche ésotérique comme d'autres l'ont fait avec les idées de Zahavi, mais un modèle de traduction mathématique des idées de Zahavi elles-mêmes[21]. »

J'avais annoncé un argument d'autorité : celui-ci me paraît y souscrire de très belle manière, puisque nous l'avions défini, avec Bateson, comme le pouvoir de mener autrui à aligner le réel sur votre théorie – et l'on pourrait d'ailleurs en dire autant des modèles de la théorie des jeux évolutionnaires. Alan Grafen, ancien étudiant de Dawkins, a mis son maître dans une position difficile. En effet, au début de la seconde partie de son article le plus important, il renvoie dos à dos les deux théories qui ont tenté d'appliquer les principes adaptationnistes à la communication animale[22] : celle de Dawkins et Krebs, qui ont insisté sur le fait que l'animal triche et manipule l'autre lorsqu'il communique, et celle de Zahavi, qui considère que seuls les signaux honnêtes seront sélectionnés. Ce que Grafen appelle « résoudre le conflit entre ces deux traditions théoriques[23] » revient, en fait, à démontrer mathématiquement la plausibilité du principe du handicap comme stratégie évolutionnairement stable, donc à donner explicitement tort à Dawkins et Krebs, puisque la définition implicite d'une stratégie évolutionnaire stable requiert qu'une fois installée, la stratégie ne permette plus l'invasion d'une stratégie mutante dans un système de signaux. Mais la résolution du conflit ne s'arrête

21. *Ibid.*, p. 309.

22. Alan Grafen, « Biological signals as handicaps », *J. Theor. Biol.* 144, 1990, p. 517-546.

23. *Ibid.*, p. 517.

pas là, et Grafen va émettre quelques distinguos qui n'évincent pas la possibilité de manipulation. Ces manipulations existent et peuvent, dans des conditions bien précises (une minorité de manipulateurs, par exemple, ou le fait que la plupart du temps tricher ne rapporte rien), être stables du point de vue de l'évolution. Grafen démontre que ces manipulations – dont il reconnaît donc l'existence – doivent être distinguées des signaux du système de signalisation. Au sein de celui-ci, les deux partenaires tirent tous deux – en moyenne toujours – bénéfice de l'échange d'information. En revanche, dans le système des manipulations, certains signaux peuvent être échangés, mais cela ne constitue pas un système de signalisation puisque seul un des deux partenaires tire profit de la relation aux dépens de l'autre. Rappelons que le signal se distingue d'autres informations en ce qu'il a été sélectionné au cours de l'évolution. Ceci implique que si un des partenaires du système de signalisation s'avère être systématiquement « victime » du signal, ses chances de survie seront amoindries, et par là même ses succès reproducteurs, donc ses chances de transmettre sa « naïveté » à ses descendants. Pour qu'un signal soit sélectionné, il faut que le destinataire bénéficie du signal. Un signal malhonnête, dans cette optique, ne sera pas sélectionné.

Le modèle de Grafen montre donc qu'il existe bel et bien une paire évolutionnairement stable – comme par exemple les paires « faucon-colombe » dont nous avons déjà parlé – et qui remplit toutes les conditions du modèle dans un contexte biologique plausible : des mâles « honnêtes » (handicapés par leurs revendications, de telle sorte que le bluff est impossible) et des femelles confiantes qui les choisissent et avantagent leur propre succès reproducteur en faisant ce choix.

Une critique externaliste qui analyserait cette histoire en termes de jeux de pouvoir (Grafen travaille à Oxford, de même que Dawkins et quelques grands noms de l'éthologie contemporaine), et surtout dans les termes de l'autorité et de la reconnaissance, pourrait sans doute permettre de comprendre les liens qui débordent du cadre des considérations strictement épistémologiques.

On pourrait également analyser comme autant d'indices les métamorphoses des « concepts nomades[24] » qui, chez Grafen, voyagent entre l'économie et la biologie, cette fois non pas à titre d'emprunts de concept ou de méthodologies de calculs, mais en termes d'application pure. Le principe du handicap devient un concept nomade qui rend compte du marché de l'offre des produits par le biais publicitaire, la différence majeure étant que seul, en principe, le consommateur – le receveur du signal – paie le coût. Je laisse à plus compétent que moi le soin de cette entreprise de critique externaliste.

Ce modèle mathématique nous mène finalement à un étonnant paradoxe : la théorie de Zahavi fut validée grâce à des modèles qu'il a toujours refusé d'utiliser – et qu'il remet explicitement en question, parce qu'ils sont à la fois simplificateurs[25] et qu'ils compliquent inutilement les choses, puisqu'ils mettent en équations des choses que la logique même nous mène à accepter[26]. Cette logique revendiquée par Zahavi ne semble pas être partagée par tous, et la remarque de Dawkins au sujet des idées les plus folles semble faire écho à Grafen lorsque celui-ci propose de reconsidérer certaines explications au lieu de les rejeter sous prétexte qu'elles sont absurdes.

Là réside sans doute la qualité essentielle de ces modèles fictionnels, et l'apport considérable qu'ils ont donné à la théorie du handicap. L'ordinateur devient comme un laboratoire, espace fictionnel de rencontre des fictions, « matrice narrative », comme le dit Stengers[27], capable d'engendrer des histoires même les plus

---

24. Cette formule est l'objet d'un emprunt puisqu'il s'agit du titre d'un livre : Isabelle Stengers (dir.), *D'une science à l'autre*, *op. cit.*

25. Amotz Zahavi, « Some comments on sociobiology », *loc. cit.*

26. Amotz Zahavi, communication personnelle. J'ajouterais, au rayon des arguments qui montrent le total désintérêt de Zahavi à jouer le jeu, que lorque je lui ai demandé s'il avait été heureux du revirement de Dawkins, et que je lui précisai que c'était certainement une bonne chose qu'il lui ait donné raison, il m'a laconiquement répondu : « Pourquoi serais-je heureux ? Je sais que j'ai raison. »

27. Isabelle Stengers, *L'Invention des sciences modernes*, *op. cit.*

absurdes, de faire jouer ensemble les éléments pour en éprouver la validité. À la question de savoir pourquoi le modèle de Grafen réussit là ou d'autres ont échoué, on peut émettre plusieurs hypothèses : les autres chercheurs postulèrent d'abord que les animaux en bonne santé jouaient une stratégie différente de ceux qui ne l'étaient pas, qu'ils développaient donc des systèmes publicitaires différents. Or ceci est en contradiction avec le modèle de Zahavi, pour lequel chacun affiche sa valeur réelle. En d'autres termes, les fictions confrontées n'étaient pas les mêmes, tout en prétendant l'être.

Ensuite, les différents auteurs n'ont généralement pris en compte que l'une des stratégies proposées par Zahavi, se conduisant comme des analystes qui ne prendraient qu'un extrait d'une œuvre pour comprendre son sens général. Or Zahavi – mais à des moments différents, et dans des articles différents, et Grafen a le mérite d'y avoir été attentif – propose plusieurs approches différentes du principe du handicap : le handicap qualifiant, par lequel un mâle qui a survécu au handicap indique aux femelles sa qualité sur d'autres plans ; le handicap révélateur, par lequel les mâles se dépensent pour « épater » les femelles et montrer des qualités qui ne sont pas immédiatement apparentes – comme la bravoure du corbeau ou du *babbler*, ou encore l'énergie révélée dans le brame des cerfs ; le handicap conditionnel, par lequel seuls les mâles de grande qualité peuvent développer un handicap, et, enfin, le handicap du choix stratégique – les mâles ont des informations sur leur propre valeur, ils ne partagent pas cette information, mais l'utilisent pour « décider » de développer ou non un handicap. Grafen non seulement fut attentif à rendre le plus fidèlement toutes les possibilités émises par Zahavi, mais montra ses talents de scénariste en mettant en scène une multiplicité suffisamment disparate d'éléments tout en donnant une cohérence et une véritable « consistance » à l'histoire pour en expliciter toutes les conséquences.

En permettant une prolifération d'histoires, en offrant un espace quasi public de discussion et de mise à l'épreuve d'une fiction qui avait pris son origine et ses preuves dans un coin perdu du désert, le laboratoire artificiel a permis aux fictions zahaviennes d'être autre chose que quelques théories marginales au départ de conditions qui le sont tout autant.

La théorie ne pouvait que surprendre, et je pense qu'elle a dû en surprendre plus d'un d'entre nous. Dawkins n'écrit-il pas, dans son édition revue et corrigée, que le principe a dû éveiller, chez les darwiniens, « de graves doutes » ? Mais il leur demande aussi « de laisser leurs préjugés en suspens [parce que] la théorie de Zahavi-Grafen, si elle est vraie, va changer de manière radicale les idées qu'ont les biologistes sur les rivaux du même sexe, entre les parents et leur progéniture, entre les ennemis de différentes espèces[28] ».

C'est donc à l'avenir que nous laissons la parole et le pouvoir de mise à l'épreuve des fictions de Dawkins. C'est à cet avenir que nous confierons les liens non défaits de notre parcours et de ses apories.

Retrouvons à présent, pour les dernières pages, ce qu'il nous reste de nos nœuds déliés.

---

28. Richard Dawkins, *Le Gène égoïste*, *op. cit.*

CONCLUSION

Nous voici arrivés au moment de reprendre notre tissu défait et de le dérouler pour en regarder les motifs dénoués. J'aurais sans doute fait une bien piètre Pénélope : peu de choses nous permettent de regarder la trame purifiée, et notre tissu nous parle finalement plus des raisons de notre incapacité à en délier les motifs que des fils déliés. En somme, chaque aporie nous a montré les limites de la critique. Mais elle nous a donné en même temps la direction à prendre pour en continuer l'étude.

Stengers nous a fait, dans son livre, le cadeau de deux outils qui donnent du cœur et du courage[1] : le choix du rire plutôt que de l'ironie, l'idée de l'expérience comme le lieu de l'échange – échange au sein de la relation expérimentale qui en fait une expérience productrice d'existence, échange comme lieu public des confrontations et de mise à l'épreuve des compétences à élaborer des fictions. Le rire m'a donc accompagnée dès la narration de l'expérience de Rosenthal, et m'a montré que nous sommes désormais pris et attachés dans les liens que nous tentons de dénouer.

Si nous voulons en apprendre sur nous-mêmes en analysant le discours sur l'animal, il nous faut d'abord apprendre à rire de notre incompétence face à la relation toujours opaque dans laquelle nous sommes emmêlés. Le rire nous poursuivra au moment où nous

1. Isabelle Stengers, *L'Invention des sciences modernes*, *op. cit.*

nous retrouverons tellement pris dans ces liens que nous serons – et tous cette fois – les arroseurs arrosés.

Les contextes de justification reflètent eux-mêmes cette complexité des liens entre les théories, les pratiques et les discours qui en rendent compte. Ainsi les théories qui forment le contexte de justification de la théorie du handicap possèdent-elles aussi un contexte de justification. Les critiques idéologiques le décrivent à merveille. Mais ces critiques ne peuvent se comprendre sans leur propre contexte affectif et idéologique. Leur contingence nous mène ainsi, de proche en proche, à une analyse régressive. Comme dans l'analyse de l'expérience de Rosenthal, la régression nous met dans la position d'être nous-mêmes l'un des fils du nœud que l'on tente de défaire. Et, à la rationalité mythique des discours par lesquels nous racontons nos histoires et qui les structurent selon des étages prenant en charge nos récits moraux, nos habitudes épistémologiques et nos ontologies, répond la rationalité de notre analyse, tout autant imprégnée des mêmes opérateurs mythiques. Notre analyse, comme dans les histoires de poursuite où le chasseur se met à ressembler au fugitif, porte elle aussi la marque des mythes qui accompagnent et nourrissent toute recherche.

Il nous fallait donc sortir de l'analyse en chambre et réparer un oubli fondamental : l'acteur principal de cette histoire – le cratérope – en était absent. En effet, pas de controverse sans objet controversé, pas de représentation sans objet représenté. Ainsi, l'analyse de la théorie des signaux doit interroger non seulement le contexte scientifique, émotionnel, mythique, moral et sociopolitique, les méthodologies et les modes de mise à l'épreuve des fictions, mais surtout le cratérope, les morceaux de pain qu'il accepte, les conflits incompréhensibles, les cadeaux et les danses. Ces théories qui décrivent le cratérope auraient-elles pu émerger si le regard de l'observateur s'était posé autrement sur lui ? Si la danse n'avait été qu'un rituel d'échanges de gestes conventionnels et spécifiques plutôt que la signature d'une singularité, le lieu de la mise à l'épreuve de l'autre, si les cadeaux n'avaient été qu'une façon de partager, si derrière les similitudes n'avaient émergé les différences ?

Et la qualité du regard aurait-elle pu être telle si la main n'avait pu prendre l'oiseau et se faire toiletter et agresser par lui, si l'oiseau n'avait pas été zoomorphe, s'il n'avait pas accepté le partage du pain ? L'oiseau aurait-il pu être ce qu'il est si l'espace physique ne s'était structuré comme un espace anthropologique et l'espace mental comme un espace continu, attributif et anthropomorphe ; si le temps n'était devenu le temps de l'histoire plutôt que le temps variable et manipulable de l'expérimentation ?

Il n'y a ici ni coïncidence fortuite ni conspiration des événements. Apparaît ici notre troisième aporie : le motif peut se délier, mais il ne peut nous révéler ni son sens ni la signification du nœud. Chacun des pôles reste entier, irréductible à l'autre. Apparaissent les processus en miroir : la démarche n'affecte pas seulement les données observées, elle devient elle-même contenu et affecte les hypothèses. Ainsi, certaines fictions seront le reflet de ce que le chercheur fait au moment de l'observation : l'oiseau teste une hypothèse face à Jon ; face à Zahavi, il devient un observateur compétent, soucieux des différences.

Ailleurs encore, recherche et démarche s'entremêlent : les cratéropes deviennent actifs dans les questions qu'on leur pose, et expriment à Ostreiher quelques critiques concernant sa méthodologie. La danse du cratérope constitue, à cet égard, un nœud intéressant. Elle donne ses couleurs au motif dessiné. L'espace chorégraphique inclut bientôt les chercheurs et la fiction introduit l'épopée guerrière, les cadeaux suivis de conflits, le bébé chanteur et l'expérimentateur, l'histoire de la dentelle, l'enquête et le procès, les caméras et les images, la coopération communicationnelle entre la proie et le prédateur. Le cratérope dans le discours est un objet hybride, pris dans les fils d'un réseau fait de croyances, de structures sociales mentalisées, fait aussi d'une société israélienne avec ses kibboutz et son utopie égalitaire et les difficultés économiques qui en empêchent la réalisation, avec sa guerre interminable et ses kilomètres de frontière. Mais c'est aussi un oiseau qui participe activement au discours produit à son sujet.

La quête de l'acteur de cette comédie éthologique n'était donc pas insensée. Ce que je cherchais, sans le nommer d'abord, cet espace de l'équilibre qui émerge au fil des pages, a pris la forme d'un réseau de relations dans lequel chacun s'inscrit. Raconter la théorie du handicap, en retrouver les fils dans ce tissu serré, c'était donc raconter un réseau de relations drôles, émouvantes qui me mènent à imaginer que le réel lui-même est doté d'humour.

Quant à l'avenir de la théorie du handicap, on ignore si elle prendra la place que Dawkins lui annonce. Si cela se produit, on ne peut non plus savoir quelles en seront les raisons. On ne peut pas savoir si ces raisons seront celles de la théorie et de son pouvoir explicatif ou prédictif, ou si ce sont les contextes de justification qui la sous-tendent en créant des affinités électives avec ce que sera notre univers mental, moral, social et politique. Les nostalgiques d'une vision de la nature pacifiée seront attentifs à la morale et à l'ontologie qu'elle propose. Ceux qui remettent en question le grand partage y verront sans doute le signe prometteur de nouvelles façons d'entrer en relation avec les animaux.

Ceci n'empêchera pas les cratéropes de continuer à danser.

REMERCIEMENTS

Le séjour et le voyage en Israël qui sont à l'origine de ce texte ont pu être réalisés grâce à la bienveillance de multiples services et de nombreuses personnes. J'exprime ma gratitude à la Communauté française de Belgique qui m'a offert le prix « La bourse de voyage », le FNRS et le Patrimoine de l'université de Liège qui m'ont accordé un subside me permettant de prolonger mon séjour. Sans eux, ce projet serait resté un simple rêve. Qu'ils soient également remerciés de la confiance qu'ils ont bien voulu m'accorder. Danielle Bajomée, présidente du département de philosophie et sciences de la communication et André Motte, doyen de la faculté de philosophie et lettres, m'ont non seulement encouragée dans mon projet, mais m'ont accordé toute la disponibilité dont j'avais besoin.

En Israël, la gentillesse et la bonne volonté de Amotz Zahavi, Jonathan Wright et Roni Ostreiher ont plus que grandement facilité mon travail.

Mes parents, Jean-Marie et Jules-Vincent Lemaire, Jacques et Michou Dubois ont apporté une aide considérable tant au niveau de l'organisation du voyage qu'en m'offrant leur intérêt bienveillant et leur aide.

Que soient également remerciés pour leurs encouragements et avis critiques Abdessadek El Ahmadi, Ninette Grooteclaes, Jean-Marie Lemaire, Francis Pire, Jean-Claude Ruwet et, surtout, mon éditeur Philippe Pignarre, pour sa confiance et pour le travail de relecture, et Isabelle Stengers sans qui ce texte n'aurait pu prendre ni son souffle ni son envol.

POSTFACE À LA NOUVELLE ÉDITION (2021)

Tout récemment, un de mes collègues m'a demandé d'animer un cours dans le cadre d'un séminaire qu'il organisait dans une école supérieure d'art. Le thème de l'année portait sur les représentations de l'animal dans l'art. Si les séances étaient majoritairement consacrées aux pratiques artistiques, il souhaitait toutefois ouvrir la question et s'adresser à d'autres spécialistes des animaux. Il avait pensé à moi, car j'avais assuré, en 2007, le commissariat scientifique de l'exposition *Bêtes et Hommes* à la Grande Halle de la Villette à Paris. Je lui ai répondu que j'étais un peu ennuyée car, depuis le début de mes travaux, j'avais exclu de mon vocabulaire le terme de « représentation ». Preuve en était, lui dis-je encore, quand j'avais été sollicitée pour la préparation de cette exposition, j'avais mis comme *seule,* mais incontournable condition que jamais ne soient évoquées « nos représentations de l'animal » ni même, autre façon de désigner ce type de rapport, nos « croyances » à son sujet.

C'est parfait, m'a-t-il répondu : « Venez nous parler des raisons pour lesquelles ces termes vous posent problème. »

Je décidai alors de retourner au manuscrit du livre sur le cratérope que les mémoires de mes ordinateurs successifs avaient miraculeusement conservé tout au long des dernières vingt-cinq années écoulées. J'allais certainement y retrouver clairement explicitées ces raisons, et le cours serait concocté en moins de temps qu'il ne faut pour le dire.

Ma surprise fut totale. Le terme y apparaît exactement vingt fois – et le mot « croyance » n'a rien à lui envier puisque j'en dénombre vingt-six occurrences. Il est vrai que sur un total de quelque 55 000 mots c'est, somme toute, peu : mais pour un vocable qui aurait *toujours* posé problème, cela fait tout de même beaucoup !

Mais si je regarde de plus près, et que je m'intéresse à la fréquence d'utilisation de ce terme selon les endroits du livre, autre chose apparaît : récurrent dans les vingt premières pages, il émerge encore quelques fois jusqu'au milieu du manuscrit et puis s'absente pour ne plus faire irruption que trois fois dans le dernier quart (dont une non pas au sens d'« image que l'on se fait » mais de politique de la représentation démocratique). Il a donc quasiment disparu dès le début de la deuxième partie du livre.

J'ai toutefois caressé l'idée, au moment de reprendre ce manuscrit pour l'amender, de supprimer ce terme. Certes, c'était possible. Mais pour le remplacer par quoi ? Par la « vision » que nous avons des animaux ? Par « les idées que nous nous faisons à leur sujet et qui nous empêchent de les voir dans leur authentique réalité » ? C'était encore pire ! On le voit, ce n'était pas le mot qui était problématique, c'était ce à quoi il engageait, cette conception étrange de la connaissance à laquelle il adhère : ce vieux dualisme qui oppose une extériorité objective des faits, une authentique présence du réel indépendamment de nous et une variabilité continue de la manière dont nous les percevons – ce que Stengers m'apprendra plus tard à reconnaître ce que Whitehead nommait la « bifurcation de la nature ».

Je sais aujourd'hui pourquoi ce terme s'imposait avec une telle insistance. Certes, j'étais encore équipée (ou plutôt encombrée) de tout ce qui m'avait été inculqué pendant ma formation académique – les philosophes, à quelques belles exceptions près, dont le merveilleux William James, ne se mêlent pas souvent au désordre du concret ; ils sont frileux et précieux ; le réel sera toujours voilé ou bien couvert du chaud manteau des représentations, celui qui, justement, entrave un accès trop brutal aux choses et aux êtres eux-mêmes. Mais, surtout, je me rendais compte que ce que je commençais à vraiment aimer faire, de la philosophie *avec* des animaux, ne serait, à l'époque, que très mal accueilli par les philosophes. Déjà, je pouvais entendre murmurer : « Cela, ce n'est pas de la philosophie. » Parler en termes de « représentations » pouvait me laisser espérer être tout de même reconnue comme une vraie « philosophe », qui respecte les codes, reste à sa place, du bon côté de la bifurcation. Montrer patte blanche en somme. Sauf que, de toute manière, la patte seule n'y aurait pas suffi.

En fait, je m'en rends compte en le relisant, je me suis progressivement désintéressée de cette volonté de conformisme et défaite de l'idée de représentation. Sa progressive disparition au fil des pages en est le signe.

Ou, plus exactement, autre chose m'a capturée. Car plus le cratérope est présent dans le texte, plus est ravivée sa présence par l'écriture, plus je suis obligée de considérer comment les chercheurs s'engagent à le rendre intelligible et intéressant, plus je suis touchée par leur intelligence collective (je veux dire, humaines et animales conjointes), moins ce terme a de raison d'être mobilisé. Comme me l'a un jour joliment proposé Isabelle Stengers, « les cratéropes m'étaient arrivés ». Et ce genre de choses qui vous arrive, c'est un événement. Voir le cratérope danser, voir les scientifiques s'activer pour lui faire raconter plus d'histoires qui poseront plus d'énigmes, ce sont des événements. Ce sont eux que ce livre raconte.

J'ai donc décidé, au moment de reprendre ce manuscrit, de laisser les « représentations », aussi souvent qu'elles apparaissaient, de retenir l'élan irrité (ou un peu honteux) qui me conduirait à reprendre ces passages, voire à les retirer. Et de faire confiance à l'évidence de leur effacement progressif au fur et à mesure que l'on s'avance dans le livre, de faire confiance au fait que cette évidence puisse faire bruisser cette histoire sous la surface du texte.

Nous nous sommes écrit, de temps à autre, Amotz Zahavi et moi. Il me donnait des nouvelles des cratéropes, me racontait comment la saison s'était passée pour eux : les pluies avaient été rares, c'était difficile, ou bien c'était une bonne saison, il y avait eu beaucoup de naissances. Il me parlait des nouveaux groupes observés. On découvrait quantité de nouvelles choses. Ainsi, on a appris qu'ils utilisaient fréquemment des objets pour communiquer – on a longtemps pensé que c'était une chose réservée aux primates. Lorsqu'un cratérope, mâle ou femelle, souhaite s'accoupler avec un autre, il le lui signale discrètement en se saisissant d'une brindille, d'une feuille ou de quoi que ce soit d'autre de son environnement immédiat, se place dans le champ de vision de celui ou celle qu'il ou elle souhaite interpeller, agite l'objet, toujours discrètement, et entraîne l'autre à l'écart. Le geste est suffisamment anodin pour n'être pas perçu si l'on n'est pas particulièrement aux aguets. On a appris encore beaucoup d'autres choses. Une vie d'humain ne suffira pas pour connaître les cratéropes. D'autant plus qu'ils ne cessent probablement d'inventer de nouvelles manières de vivre ensemble, le mieux qu'ils peuvent.

Zahavi s'est éteint le 12 mai 2017. Il allait avoir 89 ans. Il espérait encore faire une dernière conférence à l'université, programmée le 24 mai. Il s'en réjouissait car il avait à faire part de nouvelles découvertes aux membres du département. Aurait-il commencé, comme à son habitude, par dire : « Je vais vous raconter des choses auxquelles personne ne croit[1] ? »

Je me suis rendu compte que je savais peu de choses à son sujet. Nous ne parlions que des oiseaux, des énigmes qu'ils posent, de ce qu'ils nous apprennent de la vie des êtres sociaux, et c'était ainsi que cela devait être.

Liège, le 10 janvier 2021.

---

1. Déjà, comme enseignant, à l'époque où sa théorie restait inacceptable, il s'était refusé à évaluer ses étudiants, au motif qu'il ne voyait pas comment les faire échouer sur une matière à laquelle ses collègues eux-mêmes ne comprenaient rien.

BIBLIOGRAPHIE

Cette bibliographie reprend les livres cités mais pas les articles.

Bachelard G. (1989), *La Formation de l'esprit scientifique*, Vrin, Paris.

Barthes R. (1957), *Mythologies*, Seuil, Paris.

Bateson G. (1977), *Vers une écologie de l'esprit*, trad. F. Drossot et coll., Seuil, Paris.

Bernd H. (1990), *Ravens in Winter*, Barrie & Jenkins, Londres.

Chauvin R. (1990), *L'Instinct animal*, L'esprit du temps, coll. « Contrastes », Paris.

Collins H. et T Pinch (1994), *Tout ce que vous devriez savoir sur la science*, trad. T. Piélat, Seuil, Paris.

Cronin H. (1991), *The Ant and the Peacock*, Cambridge University Press, Cambridge.

Darwin C. (1990), *L'Instinct animal*, L'esprit du temps, coll. « Contrastes », Paris.

–, (1859), *The Origin of Species by Means of Natural Selection*, J. Murray, Londres.

–, (1871) *La Descendance de l'homme*, trad. Barbier (1981), Complexe, Bruxelles.

Dawkins M. (1993), *Through Our Eyes Only ? The Search for Animal Consciousness*, Freeman Sopektrum, Oxford.

Dawkins R. (1978), *Le Nouvel Esprit biologique (le gène égoïste)*, trad. J. Pavesi et C. Chaptal, Verviers, Marabout.

–, (1989), *Le Gène égoïste*, trad. L. Ovion, Odile Jacob, Paris.
Deleuze G. et F. Guattari F. (1980), *Mille plateaux*, Éditions de Minuit, Paris.
Despret V. *et alii* (1995), *L'Homme en société*, PUF, Paris.
Dumont J. (dir.) (1989), *Les Présocratiques* (recueil des textes), Gallimard, coll. « Pléiade », Paris.
Eibl-Eibesfelt I. (1972), *Éthologie. Biologie du comportement*, trad. O. Schmitt et V. Helmreich, Éditions scientifiques, Paris.
Feyerabend P. (1979), *Contre la méthode. Esquisse d'une théorie anarchiste de la connaissance*, trad. Baudouin Jurdant et Agnès Schlumberger, Seuil, Paris.
Fisher R.A. (1930) *The Genetical Theory of Natural Selection*, Clarendon Press, Londres.
Foucault M. (1972), *Histoire de la folie à l'âge classique*, Gallimard, Paris.
Gould S. J. (1979), *Darwin et les grandes énigmes de la vie*, trad. D. Lemoine, Pygmalion, Paris.
–, (1982), *Le Pouce du panda*, trad. J. Chabert, Grasset, Paris.
–, (1984), *Quand les poules auront des dents*, trad. M. F. De Palomera, Fayard, Paris.
–, (1988), *Le Sourire du flamant rose*, trad. M. Blanc, Seuil, Paris.
–, (1991), *La vie est belle*, trad. M. Blanc, Seuil, Paris.
–, (1993), *La Foire aux dinosaures*, trad. M. Blanc, Seuil, Paris.
James W. (1911), *Le Pragmatisme*, trad. Le Brun, Flammarion, Paris.
Kennedy J. S. (1992), *The New Anthropomorphism*, Cambridge University Press, Cambridge.
Kropotkine P. A. (1906), *L'Entr'aide, un facteur de l'évolution* (1979), Éditions de l'Entr'aide, Paris.
Latour B. (1988), *La Vie de Laboratoire. La production des faits scientifiques*, trad. M. Biezunski, La Découverte, Paris.
–, (1991), *Nous n'avons jamais été modernes. Essai d'anthropologie symétrique*, La Découverte, Paris.
Lévi-Strauss C. (1974), *Anthropologie structurale*, Agora, Paris.

LEWONTIN R, S. ROSE et L. KAMIN L. (1985), *Nous ne sommes pas programmés. Génétique, hérédité, idéologie*, trad. M. Blanc, R. Fores et J. Ayats, La Découverte, Paris.

LORENZ K. (1969), *L'Agression*, trad. V. Fritsch, Flammarion, Paris.

–, (1975), *L'Envers du miroir*, trad. J. Etoré, Flammarion, Paris.

MARX K. (1973), *Lettres sur les sciences de la nature*, Éditions sociales, Paris.

MAYNARD SMITH J. (1990), *La Biologie*, trad. P. Brenier), Pour la Science, Paris.

ROSENTHAL R. (1966), *Experimental Effects in Behavioral Research*, Appleton-Century-Crofts, New York.

STENGERS I. (dir.) (1987), *D'une science à l'autre. Les concepts nomades*, Seuil, Paris.

–, (1993), *L'Invention des sciences modernes*, La Découverte, Paris.

STRUM S. (1995), *Voyage chez les babouins*, trad. F. S. Duneau, Seuil, Paris.

THUILLIER P. (1981), *Les biologistes vont-ils prendre le pouvoir ?*, Complexe, Bruxelles.

TOURNIER M. (1977), *Le Vent paraclet*, Gallimard, Paris.

VEUILLE M. (1986), *La Sociobiologie*, PUF, coll. « Que sais-je ? », Paris.

WALLACE A. R. (1889), *Darwinism*, Macmillan, Londres.

WILSON E. O. (1975). *Sociobiology*, Belknap Press of Harvard University Press, Boston.

–, (1979), *L'Humaine Nature*, trad. R. Bouchot, Stock, Paris.

–, (1987), *La Sociobiologie*, trad. P. Couturiau, Éditions du Rocher, Monaco.

WYNNE-EDWARDS V. C. (1962), *Animal Dispersion in Relation to Social Behaviour*, Oliver & Boyd, Édimbourg.

–, (1986), *Evolution Through Group Selection.*, Blackwell Scientific Publication, Oxford.

TABLE

MIXTE
Papier issu de sources responsables
FSC® C003309
www.fsc.org

L'éditeur de cet ouvrage s'engage dans une démarche de certification FSC® qui contribue à la préservation des forêts pour les générations futures.

FIRMIN-DIDOT
27650 Mesnil-sur-l'Estrée

Composition Facompo, Lisieux.
Achevé d'imprimer par CPI Firmin Didot
à Mesnil-sur-l'Estrée en mars 2021.
Dépôt légal : avril 2021
Numéro d'imprimeur : 163417
Imprimé en France